P. S. Puranik
N. M. Gamit

Projeto de dispositivo de suporte de trabalho para soldar pegas SS por soldadura TIG

P. S. Puranik
N. M. Gamit

Projeto de dispositivo de suporte de trabalho para soldar pegas SS por soldadura TIG

ScienciaScripts

Imprint

Cover image: www.ingimage.com

This book is a translation from the original published under ISBN 978-3-659-86674-6.

Publisher:
Sciencia Scripts
is a trademark of
Dodo Books Indian Ocean Ltd. and OmniScriptum S.R.L publishing group

120 High Road, East Finchley, London, N2 9ED, United Kingdom
Str. Armeneasca 28/1, office 1, Chisinau MD-2012, Republic of Moldova, Europe
Managing Directors: Ieva Konstantinova, Victoria Ursu
info@omniscriptum.com

Printed at: see last page
ISBN: 978-620-8-56263-2

ÍNDICE DE CONTEÚDOS

RECONHECIMENTO

Este trabalho de tese não teria sido possível sem o apoio generoso de muitas pessoas. Aproveito esta oportunidade para agradecer a todas as pessoas que têm sido um grande apoio e inspiração ao longo do trabalho de tese.

A minha primeira gratidão vai para o **Dr. G. D. Acharya**, Diretor de Engenharia Mecânica, por toda a sua diligência, orientação, encorajamento e ajuda durante todo o período da tese, que me permitiram concluir o trabalho de tese a tempo. Agradeço-lhe também o tempo que me poupou da sua agenda extremamente preenchida. A sua perspicácia e ideias criativas são sempre uma fonte de inspiração para mim durante a tese.

Estou muito grato ao meu orientador e Diretor do Departamento de Engenharia Mecânica, **Prof. P. S. Puranik**, pela sua orientação, encorajamento e apoio durante o meu semestre. P. S. Puranik pela sua orientação, encorajamento e apoio durante o meu semestre. Apesar da sua agenda preenchida, está sempre disponível para me dar conselhos, apoio e orientação durante todo o período do meu semestre.

Estou igualmente grato ao meu orientador externo, **Sr. Ashwin Jalavadia, Diretor Executivo da FORCE - Soret Engineering Co., Rajkot**, pela sua inspiração e encorajamento constantes, juntamente com a sua valiosa orientação, que foi fundamental para a conclusão bem sucedida deste projeto. Esteve sempre presente, de boa vontade, sempre que precisei do seu menor apoio.

Gostaria de expressar os meus sinceros agradecimentos a todos os meus colegas, especialmente a **Jaydeep, Sunil e Vikram**, os membros do grupo de tese. Gostaria de agradecer aos meus pais pelo seu valioso apoio e encorajamento. E um agradecimento especial à minha noiva **Kanan Gamit**, que sempre me encorajou. Por último, mas não menos importante, os meus agradecimentos especiais ao nosso instituto, **Atmiya Institute of Technology & Science**, por me ter dado esta oportunidade de trabalhar num ambiente fantástico.

GAMIT NILESHKUMAR MANSINHBHAI

Atmiya Institute of Technology & Science, Rajkot.

Conceção de um dispositivo de suporte de trabalho para soldar pegas cilíndricas de aço inoxidável por soldadura TIG

Por

Gamit Nileshkumar Mansinhbhai

RESUMO

A soldadura é o método mais conveniente para unir dois materiais semelhantes ou diferentes. Hoje em dia, a qualidade do produto e a precisão do trabalho são factores de produção necessários. Assim, para aumentar a produção de produtos de soldadura e a qualidade, é necessária a automatização.

Este trabalho de projeto é iniciado com base nos requisitos dos clientes e na elevada produção dentro dos limites estabelecidos. O projeto do dispositivo de retenção de trabalho será feito para soldar pegas cilíndricas de aço inoxidável por soldadura TIG para obter precisão e exatidão da peça soldada e também para aumentar a produtividade. Para desenvolver este tipo de SPM, é necessária uma abordagem de engenharia.

Para conceber esta máquina para fins especiais, criámos um desenho no software Solidworks. Para validar o desenho da máquina, é necessário efetuar uma análise do movimento no software SolidWorks. Há três fases de análise de movimento: animação, movimento básico e análise de forças. Completei duas fases de animação e estudo de movimento básico. Nestas duas fases, verificamos a interferência do projeto de máquina proposto. E o movimento do componente.

Se concluirmos o projeto, a qualidade da soldadura será melhorada. A produção de pegas em aço inoxidável será aumentada. Após a soldadura, o trabalho de maquinagem será reduzido.

Capítulo 1 INTRODUÇÃO

1.1 INTRODUÇÃO À SOLDADURA TIG

A soldadura por arco de tungsténio com proteção gasosa inerte, designada por TIG, TAGS ou GTAW (EUA), é um processo de soldadura por arco que utiliza um elétrodo de tungsténio não consumível e uma proteção gasosa inerte para proteger o elétrodo, a coluna de arco e o banho de fusão. O arco de soldadura actua apenas como uma fonte de calor e o engenheiro de soldadura tem a opção de adicionar ou não um fio de enchimento. O banho de soldadura é facilmente controlado de modo a que possam ser efectuados passes de raiz sem suporte, o arco é estável a correntes de soldadura muito baixas, permitindo a soldadura de componentes finos e o processo produz metal de solda de muito boa qualidade, embora sejam necessários soldadores altamente qualificados para obter os melhores resultados.

Tem uma velocidade de deslocação mais baixa e uma taxa de deposição de metal de adição mais baixa do que a soldadura MIG, o que a torna menos rentável em algumas situações. A soldadura TIG tende a limitar-se às espessuras mais finas do alumínio, talvez até 6 mm de espessura. Tem uma penetração mais superficial no metal de base do que a MIG e, por vezes, é difícil penetrar nos cantos e na raiz das soldaduras de filete.

1.2 PRINCÍPIOS DO PROCESSO

Durante a soldadura TIG, é mantido um arco entre um elétrodo de tungsténio e a peça de trabalho numa atmosfera inerte (Ar, He ou mistura Ar-He). Dependendo da preparação da soldadura e da espessura da peça de trabalho, é possível trabalhar com ou sem material de enchimento. O material de enchimento pode ser introduzido manualmente ou meio mecanicamente sem corrente ou apenas meio mecanicamente sob corrente.

O processo em si pode ser manual, parcialmente mecanizado, totalmente mecanizado ou automático. A fonte de energia de soldadura fornece corrente contínua ou corrente alternada (em parte com corrente modulada ou pulsada) à máquina de soldar.

Uma das principais diferenças entre a soldadura do aço e a soldadura TIG do alumínio é a película de óxido aderente na superfície do alumínio, que influencia o comportamento da soldadura e tem de ser considerada.

Esta película de óxido tem de ser removida para evitar que os óxidos fiquem presos na soldadura. A película de óxido pode ser removida variando o tipo ou a polaridade da corrente ou também através da utilização de gases inertes adequados.

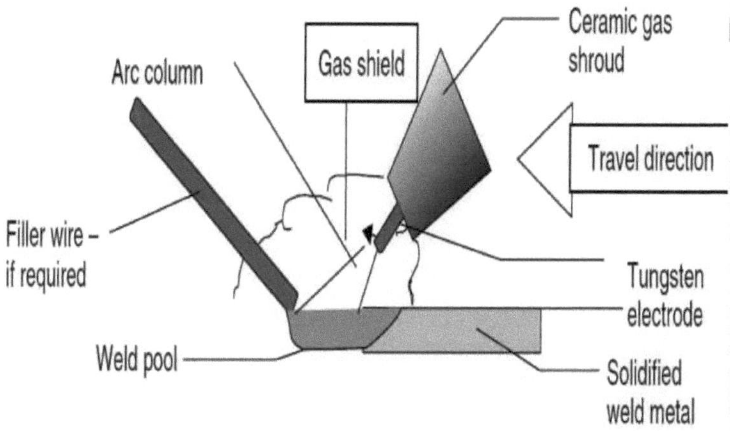

Figura - 1.1 Diagrama esquemático do processo de soldadura TIG

1.3 SOLDADURA MECANIZADA/AUTOMÁTICA E ESTADO ACTUAL

A automatização ou mecanização do processo TIG pode ter uma série de benefícios. Estas incluem a capacidade de utilizar velocidades de deslocação mais rápidas, resultando em menos distorção e zonas afectadas pelo calor mais estreitas; o controlo melhor e mais consistente dos parâmetros de soldadura permite a soldadura de chapas muito finas; existe uma maior consistência na qualidade da soldadura; e é possível empregar operadores com um grau de habilidade e destreza menor do que o necessário para a soldadura manual. Existem, como sempre, alguns inconvenientes na utilização da mecanização, entre os quais a necessidade de fornecer ao dispositivo de soldadura preparações de soldadura muito mais precisas e consistentes do que as exigidas pelo soldador manual. O ajuste e o alinhamento exactos da junta são cruciais para obter uma qualidade de soldadura consistentemente elevada. Os gabaritos e acessórios também precisam de ser capazes de manter os componentes dentro de tolerâncias apertadas e de manter essas tolerâncias à medida que a soldadura prossegue. Nos últimos dias, a maior parte das máquinas de soldadura TIG automáticas disponíveis no mercado têm uma tocha de soldadura fixa e um dispositivo móvel. Para uma qualidade de soldadura mais precisa, estamos a tentar desenvolver uma máquina que tenha uma tocha de soldadura móvel.

Por exemplo, a soldadura autogénea de chapas finas (digamos 3 mm) requer que as folgas da raiz sejam mantidas a 0-0,025 mm e que os bordos das chapas estejam alinhados a uma distância superior a 0,05 mm, para evitar problemas de penetração da raiz. A adição de fio de enchimento ajudará a aumentar as tolerâncias permitidas, mas à custa da velocidade de soldadura. É possível desenvolver procedimentos de soldadura que proporcionem um passe de raiz sem suporte aceitável, mas em muitos equipamentos de soldadura uma barra de suporte amovível faz parte do sistema de fixação. Isto simplifica muito a tarefa de configurar as juntas com exatidão e de obter uma raiz sólida e deve ser recomendado. Embora os parâmetros da corrente e da tensão de soldadura exijam um controlo dentro de pequenas faixas de tolerância, os parâmetros da velocidade de alimentação do fio e da velocidade de deslocação são muito mais significativos. As variações na velocidade de alimentação do fio podem levar a um enchimento insuficiente, se a velocidade de alimentação for mais lenta, ou a um enchimento excessivo e à falta de fusão ou a defeitos de penetração, se a velocidade de alimentação do fio aumentar. A diminuição da velocidade de alimentação do arame pode também fazer com que o arame fique "enrolado" e impedir uma fusão suave do arame na piscina.

A automatização ou mecanização da soldadura TIG com hélio AC-TIG e DCEN pode ser conseguida adaptando as técnicas manuais utilizando equipamento manual convencional ligado a equipamento de manipulação, como tractores de lagartas. A tarefa de mecanização é simplificada se a soldadura for autógena e não for necessária uma alimentação de fio, embora esta possa ser facilmente fornecida a partir de uma bobina de fio alimentada por uma unidade de alimentação de fio frio. O fio deve ser introduzido no bordo de ataque da poça de fusão a um ângulo semelhante ao utilizado na soldadura manual. Tanto o início da alimentação do fio como a deslocação do carro devem ser atrasados até que a poça de fusão esteja bem estabelecida. Ao terminar a soldadura, a corrente deve ser reduzida e a velocidade de alimentação do fio deve ser ajustada para permitir o enchimento da cratera. A soldadura TIG com hélio DCEN é ideal para a mecanização, uma vez que se pode tirar o máximo partido do aumento da velocidade de deslocação, que pode ser até 10 vezes superior à de uma soldadura AC-TIG com proteção de árgon. Também é possível soldar chapas grossas, até 18 mm de espessura, num único passe, com preparação de arestas quadradas e sem metal de adição, o que faz deste um método muito económico. As elevadas velocidades de deslocação possíveis com esta técnica podem levar a subcortes, particularmente se a corrente de soldadura for aumentada na expetativa de que isso permita atingir velocidades de deslocação ainda mais elevadas. São necessários comprimentos de arco curtos na soldadura autogénea, tipicamente 0,81,5 mm, e em algumas circunstâncias a ponta do elétrodo pode estar abaixo da superfície da chapa, com a força do arco a deprimir a superfície da poça de fusão. A contração durante o arrefecimento provocará a ocorrência de perturbações, resultando num espessamento local da junta e proporcionando um excesso de metal de solda suficiente para que a junta não fique subenchida.

1.4 PORQUÊ A SOLDADURA TIG?

A soldadura é basicamente um processo de união. Idealmente, uma soldadura deve alcançar uma continuidade completa entre as partes que estão a ser unidas, de modo a que a junta seja indistinguível do metal em que a junta é feita. Esta situação ideal é inatingível, mas as soldaduras que proporcionam um serviço satisfatório podem ser efectuadas de várias formas. A escolha de um determinado processo de soldadura dependerá dos seguintes factores.

1. Tipo de metal e suas caraterísticas metalúrgicas
2. Tipos de juntas, sua localização e posição de soldadura
3. Utilização final da junta
4. Custo de produção
5. Dimensão estrutural (massa)
6. Desempenho pretendido
7. Experiência e capacidades da mão de obra
8. Acessibilidade conjunta
9. Conceção conjunta
10. Exatidão de montagem necessária
11. Equipamento de soldadura disponível
12. Sequência de trabalho
13. Competência de soldador

A soldadura TIG é um processo muito conveniente para unir metais semelhantes ou dissimilares. É maioritariamente utilizado para peças de aço inoxidável. O processo TIG tem as vantagens de -

14. Arco concentrado estreito
15. Aptidão para soldar metais ferrosos e não ferrosos
16. Não utiliza fundente nem deixa escória
17. Utiliza um gás de proteção para proteger a poça de fusão e o tungsténio
18. Uma soldadura TIG não deve ter salpicos
19. O TIG não produz fumos mas pode produzir ozono

O processo TIG é um processo altamente controlável que deixa uma soldadura limpa que normalmente necessita de pouco ou nenhum acabamento. A soldadura TIG pode ser utilizada tanto em operações manuais como automáticas.

1.5 ESPECIFICAÇÃO DO ESPÉCIME

Neste trabalho de projeto, temos de soldar material cilíndrico de aço inoxidável SS 314. O diâmetro da peça de trabalho é de 20mm a 50mm e a espessura é de 3mm. O comprimento das peças de trabalho é de 150mm- 250mm.

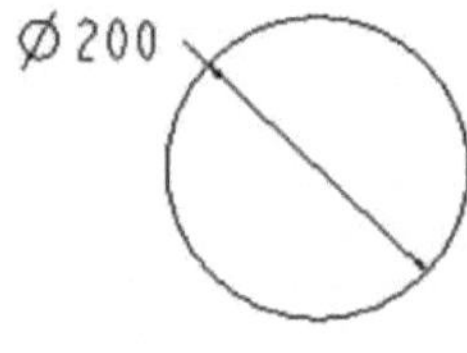

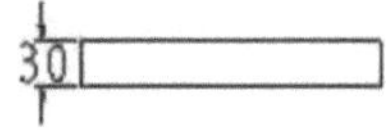

Figura - 1.2 Peça de trabalho Desenho da peça

O aço inoxidável 314 tem excelentes caraterísticas de resistência a altas temperaturas entre as séries de aços cromo-níquel. O teor de silício neste material melhora a resistência à oxidação e à carburação; no entanto, pode tornar-se muito frágil quando sujeito a temperaturas prolongadas de 649-816°C (1200-1500°F). A imagem abaixo mostra um exemplar para soldadura.

Figura - 1.3 Pegas cilíndricas

A seguinte ficha de dados fornece uma visão geral do aço inoxidável 314.

Elemento	Fe	Cr	Ni	Si	C	S	Mn	P
Conteúdo (%)	Equilíbrio	23-26	19-22	1.5-3	.25	0.03	2	0.045

Tabela - 1.1 Ficha técnica do aço inoxidável

1.6 DEFEITOS DE SOLDADURA TIG NA SOLDADURA MANUAL

Antes de descrever os aspectos específicos, é importante salientar a diferença entre um defeito de soldadura e uma descontinuidade de soldadura. Pode dizer-se que cada soldadura tem algumas descontinuidades, uma vez que não existe uma soldadura perfeita. Alguns instrutores de soldadura, livros de especificações ou códigos podem permitir uma certa quantidade de descontinuidades sem que a soldadura seja considerada defeituosa. Normalmente, existe um determinado ponto a partir do qual a soldadura será considerada defeituosa.

Uma soldadura defeituosa seria rejeitada, por exemplo, para um teste de qualificação de soldador. Uma soldadura defeituosa numa situação de fabrico teria de ser esmerilada e substituída, ou toda a estrutura de base seria rejeitada. É importante que algumas descontinuidades numa soldadura sejam permitidas. Quando uma ou mais descontinuidades fazem com que uma soldadura não passe num determinado ensaio de soldadura, este tipo de descontinuidade seria então designado por defeito. Os limites aceitáveis variam devido a muitos factores. Se os requisitos da soldadura forem muito rigorosos, os limites aceitáveis para o número e tamanho das descontinuidades podem ser bastante baixos.

Os defeitos de soldadura manual são

- A geometria das pérolas não é uniforme
- Necessita de mais trabalho de acabamento após a soldadura
- A qualidade da soldadura não é mantida
- Porosidade na soldadura, aumento das possibilidades.

Capítulo 2 REVISÃO DA LITERATURA

Artigo de investigação-1: "Conceção de um robô de soldadura por pontos", Autores -Zelun Li, Zhicheng Huang, Youjun Huang[3]

O robô de soldadura é composto por um sistema mecânico, um sistema de controlo e um sistema de medição. O robot é controlado através do PLC para completar os movimentos de telescopagem do braço, rotação e rotação da cintura. Os três graus de liberdade são os seguintes: a base pode atingir 180° de rotação, o braço pode atingir 800mm de telescopia. Há alguns parâmetros específicos do robô a indicar, tais como a carga de soldadura é de 3000N, a eficiência de soldadura é de 22 pontos/minuto e o tempo do ciclo de soldadura é de 2,4 segundos.

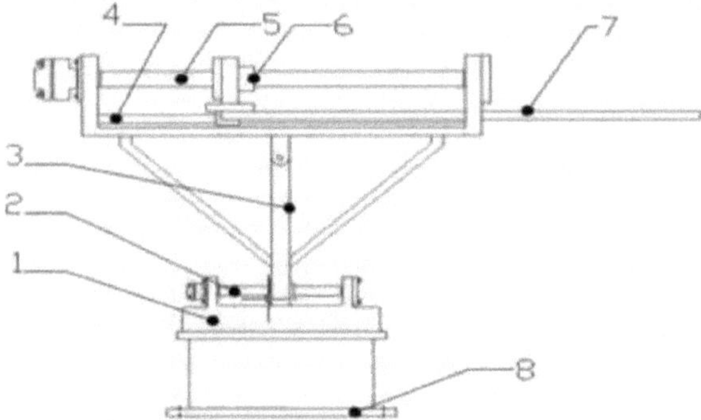

1-corda, 2-parafuso, 3-suporte, 4-parafuso, 5, 6-parafuso, 7-braço, 8-base

Figura - 2.1 O diagrama esquemático do robô de soldadura

Na conceção do sistema de controlo, existem principalmente duas formas: o controlo da posição do ponto e o controlo contínuo do percurso para o controlo do movimento do robô. Neste artigo, optou-se pelo controlo da posição do ponto e o seu fluxo de controlo é apresentado na figura 2. Além disso, o PLC Siemens S7-200 foi escolhido para controlar o robô.

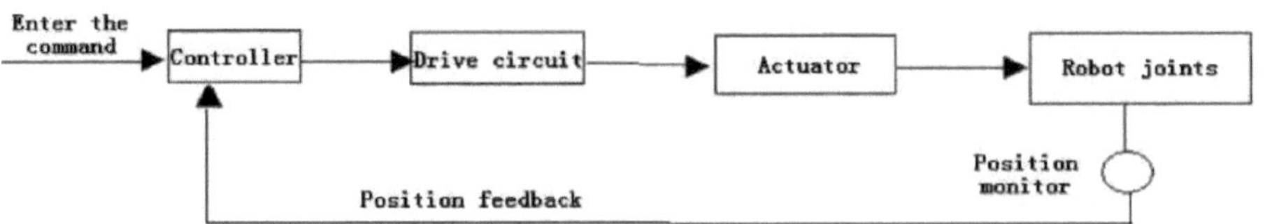

Figura - 2.2 Diagrama do sistema de controlo do robô

A pinça de soldadura é composta por cilindro de fonte de energia, mecanismo flutuante, mecanismo limitador, corpo da pinça, braços do pólo superior e inferior e eléctrodos. O robô de soldadura precisa de se aprofundar na estrutura complexa do , como a fixação e o equipamento de transporte para soldar, pelo que a conceção da estrutura da pinça de soldadura requer peso leve, estrutura compacta, boa aproximação e tamanho pequeno. A pinça de soldadura utiliza um cilindro de dois tempos para empurrar a haste, que faz rodar os corpos da pinça superior e inferior em torno das dobradiças, de modo a que os eléctrodos superiores e inferiores nos corpos da pinça possam fixar as peças de trabalho.

Para que o grampo de soldadura mantenha uma posição fixa durante o funcionamento do robô em movimento, rotação, no lugar, na posição de retorno, etc., existe um mecanismo de rolha para evitar a colisão ou interferência com o local e o outro. A pinça de soldadura é fixada por uma mola. Utilizando o mecanismo de braço, tentou-se dar um movimento linear e dois movimentos de rotação, e todos os movimentos são acionados por motores. A posição inicial da pinça de soldadura é in situ. Depois de premir o botão de arranque, o robô completa os movimentos em sequência: dextral-backpin-alongamento-soldadura-contração-topspin-sinistral. Para satisfazer os requisitos de produção, os modos de controlo têm o modo manual e o modo automático, e o modo automático tem um único passo, um único ciclo e o modo de funcionamento contínuo.

Artigo de investigação - 2: "Implementação de células de soldadura robotizadas utilizando uma abordagem modular", Autores - Martins Sarkans e Lembit Roosimolder[8]

Neste trabalho de investigação, os investigadores mostram-nos como implementar células de soldadura robotizadas utilizando uma abordagem modular. Nos últimos anos, a automatização dos processos de produção nas pequenas e médias empresas (PME) tem sido um tema de interesse crescente. A economia de escala aumentou o volume de produção ao selecionar a estratégia certa para a automatização. Para a realização bem sucedida de projectos de automatização, os sistemas complexos devem ser divididos em partes mais pequenas e mais simples, utilizando uma abordagem modular. Neste artigo, a implementação refere-se a acções desde a seleção do sistema, descrição da tecnologia até à introdução de um produto real. O sistema é definido de tal forma que é possível desenvolvê-lo ao longo do tempo (o que requer a definição do modelo e das interligações).

A implementação de células robotizadas de soldadura nas PME é uma tendência crescente. A metodologia de decomposição de sistemas proposta, ilustrada por estudos de caso, pode ser vantajosa para as PMEs. As conclusões e recomendações baseadas neste estudo são as seguintes.

1. A implementação de sistemas com recurso à divisão de tarefas permite a introdução de tecnologias complexas nas PME.

2. Este estudo apresenta uma abordagem para a partilha de acções entre diferentes níveis e para a gestão da implementação de sistemas complexos.

3. A abordagem em camadas ajuda a evitar problemas durante a composição do sistema e melhora a sua implementação.

4. É importante ter uma boa perceção das propriedades da interface do módulo de hardware integrado (robô, manipulador, gabarito, PLC, equipamento de soldadura).

5. A abordagem em camadas dá uma melhor visão geral do sistema e dos processos e a economia de escala pode ser alcançada.

Artigo de investigação-3: "Um robô de soldadura especial portátil de todas as posições", Autores- Fu-shen REN, Xiao-ze CHENG, Su-li CHEN [9]

Neste trabalho de investigação, foi desenvolvido um robô de soldadura portátil de todas as posições para a soldadura de tubos intersectados. O modelo matemático do cordão de soldadura foi estabelecido e foi adotado um procedimento completo para realizar o projeto. A tarefa e o movimento do robot são analisados e é apresentada uma descrição matemática da pose e da posição da tocha de soldadura. Com base nisso, foi concebido um novo tipo de robô de soldadura de 5 graus de liberdade com um método misto de série e paralelo para satisfazer a costura de soldadura de tubos que se intersectam. Foi também concebido um robô de centragem automática com 2 graus de liberdade, que realiza o controlo da posição e da postura da tocha separadamente. O resultado da soldadura indica que a âncora é seguramente segura e precisa e o método de controlo pode satisfazer os requisitos tecnológicos da costura de soldadura de intersecção.

Durante o processo de soldadura por intersecção, a posição de soldadura é complicada, especialmente se os tubos não puderem ser rodados, é difícil para o robô de soldadura tradicional realizar este trabalho, pelo que a soldadura manual está muito mais difundida. No entanto, como os tubos com paredes espessas e grande diâmetro na indústria química ou na indústria de caldeiras, pode resultar em intervalos de soldadura mais longos, maior intensidade, menor eficácia, pelo que é difícil garantir a qualidade da soldadura. De acordo com a tecnologia especial de soldadura de tubos de intersecção, a investigação desenvolve um novo tipo de robô de soldadura de 5 liberdades com uma combinação de modelos em série e paralelos. Este robô adopta o controlador de movimento multi-eixo PMAC para controlar o movimento de cada junta do robô e utiliza o computador da indústria para gerir os dados de soldadura. Durante o processo de soldadura, a parede interior do tubo é tomada como objeto de ancoragem, de modo a que o robô possa ajustar a postura de acordo com o tubo sem deslocações da máquina. É desenvolvido um novo tipo de robô de soldadura especial, que mistura o método de conceção em série e paralelo e realiza a conceção integrada da organização do mecanismo de ancoragem e movimento do robô e do mecanismo de ajuste da tocha de soldadura e do alimentador de arame, realizando um controlo independente da posição e orientação da tocha de soldadura. O modelo cinemático do robô é construído e permite o controlo em tempo real da posição da tocha de soldadura, da orientação e da velocidade de soldadura durante o processo de soldadura.

Artigo de investigação-4: "Equipamento de soldadura com controlo digital melhorado", Autores- Krisztian Lamr, Peter Zalotay, Endre Borbely.[11]

Este artigo apresenta os resultados do desenvolvimento de hardware e software do equipamento de soldadura por arco Tungsténio-Inert-Gás (TIG). Em primeiro lugar, os atributos e as potencialidades de aplicação do processo de soldadura são resumidos e, em seguida, são apresentados os requisitos que foram definidos no início do desenvolvimento. Finalmente, apresentamos a unidade de controlo central baseada no microcontrolador 80C552 e damos uma descrição detalhada dos modos de operação.

Neste documento apresentamos os resultados do processo de desenvolvimento coletivo iniciado em 1997 entre o **Instituto Politécnico de Automação de Budapeste** (antigo Instituto Politécnico de Automação de Kandó) e um conhecido fabricante húngaro de equipamento de soldadura. O objetivo do desenvolvimento era criar equipamentos de soldadura que fossem competitivos no mercado mundial. A empresa acima mencionada e a sua antecessora fabricam equipamentos de soldadura há mais de três décadas. No nosso trabalho coletivo, a sua equipa foi responsável pela conceção tecnológica da soldadura, mecânica e eletrónica de potência. No Instituto Politécnico de Budapeste - Instituto de Automação, dedicamo-nos há três décadas ao desenvolvimento e formação de unidades de controlo baseadas em microprocessadores e microcontroladores, e temos vindo a resolver vários problemas no domínio do controlo de processos e da automação. No trabalho coletivo, a nossa equipa foi responsável pela conceção de hardware e software da unidade central de controlo baseada em microcontroladores.

Este documento resumiu o processo de desenvolvimento cujo produto final foi uma nova família de equipamentos de soldadura de alto desempenho que é competitiva no mercado mundial. Estes tipos têm uma estrutura fácil e uma fonte de corrente estável e bem controlável, que é melhorada com uma unidade de controlo central digital actualizada. Depois de apresentar o método de soldadura TIG, a estrutura do hardware e os modos de funcionamento foram discutidos.

Artigo de investigação-5: "Conceção e análise de um dispositivo de fixação para soldar um impulsor de escape", Autores- Jigar D Suthar, K. M. Patel e Sanjay G Luhana.[1]

A central de mistura de tambor é utilizada para a mistura de betão e outras matérias-primas utilizadas na construção de estradas. O impulsor é utilizado no sistema de escape da central de mistura de tambores para remover partículas de poeira. A fixação é utilizada no fabrico do impulsor durante a soldadura para segurar as diferentes partes do conjunto do impulsor, como as lâminas (palhetas), as placas superior e inferior. Este documento mostra uma forma inovadora de utilizar a própria estrutura do impulsor como dispositivo de fixação, o que resultou na redução da distorção produzida durante a soldadura. Neste trabalho, o trabalho de modelação foi efectuado utilizando o software AutoCAD, Pro-e, Solid Works e a parte de análise foi efectuada utilizando o ANSYS workbench. Assim, o projeto e a análise do dispositivo de fixação foram apresentados neste artigo. A massa de desbalanceamento do impulsor foi reduzida de 100g para 44g no novo projeto. A fixação tem um impacto direto na qualidade, produtividade e custo da soldadura. Os dispositivos de soldadura são utilizados para segurar diferentes peças que têm de ser soldadas entre si. Outra utilização do dispositivo de fixação é a redução da distorção gerada durante a soldadura. O ajuda a reduzir a perda de produção e também o tempo de fabrico para soldar, posicionar e segurar peças. A variedade de tensões residuais produzidas durante a soldadura é responsável pela distorção.

Existem muitas formas de controlar as tensões residuais, nomeadamente o pré-aquecimento, o peening, o tratamento térmico pós-soldadura, o alívio das tensões por envelhecimento natural, o alívio das tensões por vibração ou. O objetivo deste projeto é reduzir a distorção nas várias partes do impulsor, nomeadamente nas palhetas e nas placas superior e inferior. Isto acaba por ajudar a reduzir o peso de equilíbrio. A seleção adequada da tolerância foi feita através do corte de alguns espécimes experimentais, o que mostra que as tolerâncias adequadas para o projeto sem fixações são H7/f7 e H8/e8 para reduzir a distorção da soldadura e para o arrefecimento adequado da soldadura, foram fornecidas ranhuras pequenas e intermitentes em vez de ranhuras mais longas. A partir da comparação de vários processos, nomeadamente o corte a laser, o corte a plasma e o puncionamento, utilizados para as chapas metálicas necessárias para a montagem do impulsor, verificou-se que o puncionamento é melhor do que o corte a plasma e o corte a laser em termos de poupança de custos relacionados com a energia. O tempo de fabrico é menor na conceção sem fixações devido à menor área de soldadura, ao menor tempo de montagem e à ausência de necessidade de fixações. A partir da análise térmica em estado estacionário da lâmina, conclui-se que, num determinado instante, a distribuição da temperatura na lâmina varia entre 52C e 1400C. A partir do cálculo do custo de soldadura, conclui-se que, devido à redução da disposição do metal na área de soldadura, o custo de soldadura da conceção proposta é inferior ao da conceção antiga do impulsor. A precisão das máquinas de corte a laser e plasma foi comparada, concluindo-se que o corte a laser proporciona uma melhor precisão quando a dimensão é inferior a 3 mm.

Artigo de investigação-6: "Artigo de investigação sobre os efeitos dos parâmetros técnicos na moldagem da soldadura por soldadura A-TIG", Autores- Wu PAN e Kai SHI [7]

Neste trabalho de investigação, foram estudados os efeitos dos parâmetros de soldadura na moldagem da soldadura por soldadura A-TIG de uma chapa de aço macio de 4 mm de espessura. A tecnologia TIG é amplamente utilizada na soldadura moderna devido à sua elevada qualidade de soldadura, elevada estabilidade e vasta gama de aplicações. A-TIG é a aplicação de um fluxo reativo aplicado na superfície da peça de trabalho para soldar. Faz com que o arco de soldadura se contraia, concentrando assim a energia do arco, aumentando a penetração da soldadura e melhorando a eficiência da produção.

O espécime é uma placa de aço macio de 250mm×150mm×4mm. O soldador de onda quadrada WSE-315 AC-DC e a máquina de soldadura de costura longitudinal automática ZF-1000 são usados no teste. A tensão do arco, a velocidade de soldadura e outros parâmetros são fixados neste ensaio.

- A corrente de soldadura tem um efeito notável na forma e dimensão da ZTA (Zona Afetada pelo Calor).
- A penetração aumenta à medida que a corrente aumenta, e o A-TIG tem uma penetração mais profunda do que o TIG com a mesma corrente.
- A largura do banho de soldadura aumenta à medida que a corrente aumenta, enquanto o A-TIG tem uma largura de banho de soldadura mais estreita do que o TIG com a mesma corrente.

Artigo de investigação- 7: "Investigação sobre o mecanismo de aumento da penetração por fluxo na soldadura A-TIG", Autores- Chunli Yang, Sanbao Lin, Eengyao LIU, Lin WU e Qingtao ZHANG [7]

O mecanismo da profundidade de penetração aumentada pelo fluxo de ativação na soldadura com gás inerte de tungsténio ativado (A-TIG) foi estudado através da medição da distribuição do elemento vestigial Bi na soldadura e da monitorização da alteração da tensão do arco durante a soldadura A-TIG do aço inoxidável 0Cr18Ni9 com fluxos SiO2 e TiO2. Os resultados mostram que o mecanismo de profundidade de penetração na soldadura A-TIG depende do tipo de fluxo utilizado. A convecção da poça de fusão após o revestimento do fluxo SiO2 e do fluxo TiO2 é alterada inversamente em comparação com a soldadura TIG convectiva sem fluxo. A tensão do arco é aumentada pelo fluxo

SiO2, enquanto o fluxo TiO2 não tem efeito sobre a tensão do arco. A razão do aumento da profundidade de penetração para o SiO2 é devida à constrição do plasma do arco e à alteração do gradiente de tensão superficial. O aumento da profundidade de penetração da soldadura com TiO2 deve-se apenas à alteração do gradiente de tensão superficial.

A aplicação dos fluxos SiO2 e TiO2 altera a direção da convecção da poça de fusão em comparação com a soldadura TIG convectiva, o que resulta no aumento da profundidade de penetração.

A tensão do arco aumenta cerca de 53% após o revestimento com o fluxo SiO2, o que leva à constrição do arco e ao aumento da profundidade de penetração. No entanto, o fluxo TiO2 não tem efeito sobre a tensão do arco.

A razão pela qual o fluxo de SiO2 aumenta a profundidade de penetração é o efeito sintético da constrição do plasma do arco e a alteração dos gradientes de tensão superficial, e não apenas a constrição do arco. O mecanismo do fluxo de TiO2 que melhora a penetração deve-se apenas à alteração do gradiente de tensão superficial.

Capítulo 3 DEFINIÇÃO DO PROBLEMA

A minha área de interesse é a soldadura, por isso faço estudos de mercado e analiso as tendências recentes dos mercados. E a soldadura é o processo mais utilizado nas indústrias. Existem vários tipos de processos de soldadura. Por isso, decidi dedicar-me à automatização de máquinas de soldar, porque é a minha área de interesse e também porque está relacionada com o meu ramo, cad/cam. Existe uma empresa que fabrica pegas cilíndricas em aço inoxidável para habitação e para fins industriais. O nome da empresa é Force - SORET engineering CO. A empresa dá-me o problema de conceber um modelo para uma máquina de soldar automática para aplicações de hardware. Trata-se de uma máquina para fins especiais.

Nesta máquina, temos de mover a tocha de soldadura 360° no sentido dos ponteiros do relógio e no sentido contrário ao dos ponteiros do relógio e o percurso de soldadura desta máquina é circular. A parte objetiva deve permanecer estável e a soldadura deve ser feita sem problemas. Além disso, a qualidade da soldadura deve ser boa.

Esta máquina para fins especiais será utilizada para soldar tubos cilíndricos SS que serão utilizados como puxadores de portas e janelas. O diâmetro dos tubos cilíndricos é de 20-50 mm e a espessura é de 3 mm.

Capítulo 4 METODOLOGIA

De acordo com a definição do problema, em primeiro lugar, temos de conhecer as condições ideais para a soldadura TIG.

Consideraríamos a corrente ideal 120-140 amp;[10] velocidade de soldadura 180-200 mm/min[4]. para 3 a 3,2 mm. O ângulo da tocha deve ser de 10-20 ° com a superfície da amostra.

4.1 ENCONTRAR A VELOCIDADE DE SOLDADURA DA SOLDADURA TIG

Para este cálculo, utilizei a velocidade manual experimental para a soldadura linear. E também analisei cinco artigos de investigação. Neste tipo de soldadura, a velocidade de soldadura de 180-200 mm/min é a melhor, porque a 180-200 mm/min a qualidade da soldadura é muito boa e a resistência à tração é elevada.

4.2 CONCEPÇÃO DOS QUADROS

Nesta máquina, para uma melhor qualidade de soldadura, é necessário manter a tocha de soldadura direita ou angular. Ao aplicar esta estrutura de quadro, podemos segurar facilmente a tocha. E também podemos obter conveniência de trabalho.

4.3 DIMENSÕES DO DISPOSITIVO DE RETENÇÃO

De acordo com várias pegas cilíndricas, consideramos agora apenas um diâmetro de 30 mm. Ao considerar esse diâmetro de acordo com as dimensões padrão do dispositivo de fixação, desenvolvemos um desenho de fixação. O diâmetro interior do mordente é de 30 mm.

4.4 CÁLCULO DO BINÁRIO ACTUADO SOBRE A RODA OU DO BINÁRIO NECESSÁRIO

Uma vez que conhecemos o diâmetro da roda, as outras dimensões são obtidas através de dados de projeto aproximados.

4.4.1 CÁLCULO DO DIÂMETRO DA RODA

Neste caso, considerámos a velocidade de soldadura de 200 mm/min, para o diâmetro, considerando o comprimento da tocha de soldadura e a abertura do arco e vários diâmetros para as pegas de 20-50 mm, e o material da roda é aço-carbono simples com uma densidade de 0,01 gms/mm^3.

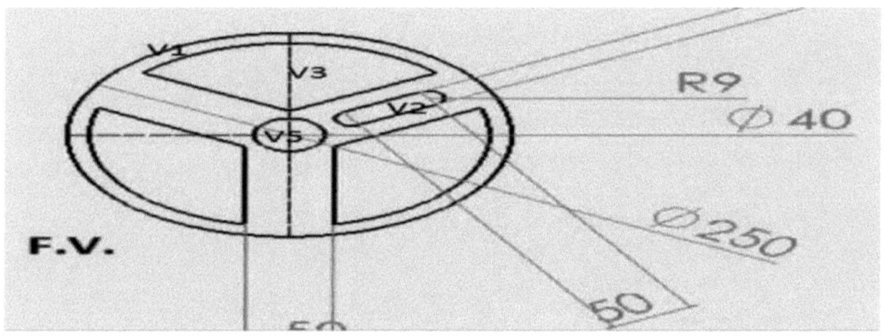

Figura - 4.1 Dimensões da roda

D= 250 mm(approx.),

V= 200mm/min

V= πDN/60

= π* 250*N/60

N=V*60/(π*250)

N= 15.27 RPM

Com este cálculo, obtemos as RPM desejadas da roda

Assim, tomando as dimensões da roda

R= 125mm (exterior)

r = 20 mm (interior)

Espessura da roda t = 25 mm

Calcular o volume total $v_1 = \pi*(R^2)$ h

Aqui, R= 125mm, r= 112,5, h= 25mm

v_1= 1226562.5

Conforme a geometria das ranhuras

Groove volume is $V_2 = (\pi r^2 h) + (\text{rectangle volume})$

$V_2 = (\pi * 9^2 * 25) + (50 * 18 * 25) = 28858.5$

$V_3 = \pi r^2 h$

$= 549027.1867$

$V_5 = \pi r^2 h$

$= 31400$

Volume total = $V_1 - V_2 - V_3 - V_5$

$V = 560050,5 \text{ mm}^3$

Assim, de acordo com a densidade do material da roda 0,01 gm/mm^{3}obtemos a massa m e podemos calcular o binário

$T = Fr$

T=9,8 N-m (considerando a massa da roda, do eixo e da tocha)

De acordo com o projeto proposto, fiz uma ranhura num dos raios. O diâmetro da ranhura é de 18 mm e o comprimento aproximado é tomado para várias peças de trabalho com diâmetros diferentes.

4.5 COMPRIMENTO DO VEIO E DIÂMETRO

O comprimento do eixo é de 244 mm e o diâmetro é de 18 mm, de acordo com a norma. Neste trabalho de projeto, só precisamos que o comprimento do eixo seja tomado como requisito para alcançar a peça de trabalho.

4.6 SELECÇÃO DO MOTOR

Duas decisões básicas a tomar

Que tipo de motor é necessário?

Uma vez selecionado o tipo de motor, qual é o tamanho do motor necessário?

De acordo com os requisitos, podemos selecionar o servomotor CC ou o motor de passo. Necessitamos de um motor de 1440 rpm. O funcionamento de corrente constante de um motor CC produz um binário de saída constante independentemente da velocidade.

Dada uma carga constante (ou seja, binário), a velocidade de um motor depende apenas da tensão aplicada ao motor.

A potência é o produto da velocidade e do binário. A potência máxima de um motor CC é produzida no ponto de funcionamento que é definido pelo funcionamento a metade da velocidade em vazio e metade do binário de paragem. [13] Raramente um motor será operado na potência máxima devido a considerações térmicas.

A regra geral para o funcionamento de um micro motor DC é operar o motor a aproximadamente 90% da sua velocidade em vazio e de 10% a 30% do seu binário de paragem. Esta é também a área de funcionamento mais eficiente do motor.

Para a utilização de engrenagens, o motor deve ser selecionado para a velocidade mínima porque, por vezes, a caixa de engrenagens que estamos a utilizar dá uma maior potência ou binário de saída. Isto resultará numa menor produção de ruído e em melhores caraterísticas de vida útil.

Para motores DC operados a uma tensão constante, a velocidade e o binário produzidos estão inversamente relacionados. Quanto maior for o binário produzido, menor será a velocidade do motor. Outros factores, naturalmente, entram na seleção de um motor apropriado. Tais factores podem incluir o tamanho, as condições ambientais, o peso, a vida útil necessária, etc. Como exemplo, assuma os seguintes parâmetros de aplicação:

Aqui consideramos que a velocidade de soldadura para a soldadura TIG linear é de 200 mm/min.

V= 200mm/min

V= πDN/60

Aqui D= 200 mm

Assim, obtemos N= 19,09 RPM. Ao alterar o diâmetro dos cabos cilíndricos de aço inoxidável, precisamos de várias RPM, pelo que temos de conceber uma caixa de engrenagens com um mecanismo adequado para alterar as RPM da tocha de soldadura. Neste momento, considerámos o motor de RPM padrão.

4.6.1 MOTOR DE PASSO vs SERVO MOTOR

MOTOR STEPPER	MOTOR SERVO
Manutenção e fiabilidade necessárias	
Os motores passo a passo não têm escovas. Sofrem pouco ou nenhum desgaste e praticamente não necessitam de manutenção.	Os servomotores com escovas requerem uma mudança de escovas, normalmente, a cada 5.000 horas. Tal como os steppers, os servomotores sem escovas praticamente não necessitam de manutenção

Exatidão e resolução	
Para um determinado passo do parafuso, os motores de passo típicos de quatro fases podem produzir 200 passos completos, 400 meios passos e até 25.000 micro passos por rotação. É importante notar que, uma vez que o motor passo a passo é de circuito aberto, não atinge necessariamente a localização desejada, especialmente sob carga. Uma precisão posicional particularmente fraca pode resultar da utilização de micro-passos, que é principalmente útil para a suavidade do movimento.	A resolução do servomotor depende do codificador utilizado. Os codificadores típicos produzem 2.000 a 4.000 impulsos por rotação, e estão disponíveis codificadores com até 10.000 impulsos por rotação. Uma vez que os servomotores, que são de circuito fechado, podem e conseguem atingir a resolução disponível, são capazes de manter a precisão posicional.
Velocidade e potência	
Os steppers têm caraterísticas de binário muito fracas a velocidades mais elevadas. Este	Os servos podem produzir velocidades e potências duas a quatro vezes superiores às dos servos de dimensões semelhantes.
é ligeiramente melhorada pelo micro-passo, no entanto, a menos que o passo seja utilizado num modo de circuito fechado, normalmente não tem um desempenho tão bom como um servo.	steppers. Esta melhoria é um resultado direto do circuito fechado (ou seja, feedback de posição constante), que permite uma velocidade mais elevada e uma maior fiabilidade. A natureza de circuito fechado do servo também permite que esse sistema utilize melhor as capacidades de binário máximo .
Circuito fechado vs. circuito aberto	
Os motores passo a passo são quase sempre utilizados numa configuração de circuito aberto. Se forem utilizados em circuito fechado, tornam-se normalmente tão ou mais caros do que os sistemas de servomotores. A natureza de circuito aberto dos motores passo a passo é a sua principal desvantagem. Os comandos são emitidos para mover quantidades prescritas e, suportando circunstâncias imprevistas, o motor move as	Por natureza, os servo-motores têm um feedback posicional constante. O feedback posicional é utilizado para corrigir qualquer discrepância entre uma posição desejada e uma posição real. Esta ação corretiva constante resulta em velocidades mais rápidas (até três vezes o rendimento) e maior potência (até três vezes o binário) a altas velocidades. A natureza de circuito fechado do servo também garante que não pode ocorrer

quantidades prescritas. Em casos raros, as ressonâncias ou forças inesperadas podem fazer com que um motor passo a passo perca passos ou pare. Embora raro, esta é uma possibilidade sempre presente	paragem, a menos que haja um objeto imóvel no caminho.

Tabela - 4.1 Comparação entre motor de passo e servomotor

4.6.2 SELECÇÃO DE UM SISTEMA:

Os motores passo a passo são normalmente recomendados para aplicações sensíveis ao custo e de baixa manutenção. Os motores passo-a-passo proporcionam estabilidade e flexibilidade; não no posicionamento, especialmente sob cargas dinâmicas, e podem funcionar em configurações de circuito aberto ou fechado. Se funcionarem dentro das suas especificações, não são necessários codificadores.

Os servomotores são recomendados para aplicações de alta velocidade (normalmente superiores a 2.000 RPM) e de binário elevado que exijam alterações dinâmicas da carga. Os servomotores requerem uma manutenção mais elevada e uma configuração mais complexa, mas não criam problemas de vibração e/ou ressonância como os motores de passo.

Através do procedimento de seleção, selecionámos o motor de passo para o nosso projeto de trabalho. Uma vez que não são necessárias rotações mais elevadas, potência elevada e binário elevado, o motor de passo é a melhor opção.

4.6.3 COMPARAÇÃO DE CUSTOS

Em geral, os sistemas de motores passo a passo tendem a ser menos dispendiosos do que os sistemas de servomotores. Os sistemas de passo e de servomotores tornam-se frequentemente comparáveis em termos de preço quando o sistema de passo utiliza motores maiores do que NEMA23 ou quando é utilizado micro-passo. Os servomotores no tamanho de estrutura NEMA23 tendem a ser 10% a 30% mais caros do que os sistemas de passo semelhantes. Os sistemas de servomotores sem escovas tendem a ser 50% a 100% mais caros.

Vantagens do motor passo a passo para o trabalho de projeto

- Precisão do trabalho.
- Podemos obter um posicionamento exato para as condições de arranque e paragem
- Podemos aumentar as RPM do motor utilizando o sistema de microcontrolador.
- Baixo custo

> Binário de retenção elevado

> Fácil controlo do ângulo e da velocidade

4.7 SELECÇÃO DA CAIXA DE VELOCIDADES

De acordo com os nossos requisitos, o valor das rpm de saída é muito baixo. Não é possível obter este valor utilizando uma polia normal e um motor normal, pelo que temos de colocar uma caixa de velocidades com redutor de velocidade no mecanismo.

Temos de exigir uma relação de transmissão muito elevada para obter as rpm de saída desejadas para mover o veio para soldar. Por isso, de acordo com os requisitos, temos de selecionar a caixa de velocidades sem-fim para reduzir a velocidade e obter as rpm desejadas. A nossa relação de transmissão deve ser de 36:1. ([16]) Selecionámos 1440 rpm para o motor de entrada. O veio do parafuso sem-fim e a roda sem-fim são considerados de acordo com o valor padrão. Nesta caixa de velocidades, atribuímos o material do sem-fim e da roda de sem-fim. Os materiais para a caixa do sem-fim são aço-carbono endurecido (14C6) e para a roda do sem-fim são bronze-fósforo (fundido por centrifugação). Toda a caixa de engrenagens foi concebida com base em dados normalizados. A engrenagem sem-fim tem um rendimento próximo de 65-70 %.

4.7.1 CÁLCULO DO PARAFUSO SEM-FIM [16]

Velocidade do sem-fim	N_1 rpm	1440 rpm
Velocidade da engrenagem sem-fim	N_2 rpm	40 rpm
Passo da engrenagem	Px	6,238 mm
N.º de vermes	T_1	1
Número de dentes	T_2	36
Diâmetro do sem-fim	d_1	17 mm
Círculo de passo Diâmetro do sem-fim	d_2	72 mm
Distância de centro a centro entre o sem-fim e a engrenagem	c	43 mm
quociente diametral	$q=d_1/m$	8,5 mm
Módulo	m	2

Ângulo da hélice	Ψ	
Ângulo de ataque	Γ	6.7
Comprimento da raiz do verme	l_r	707.45
dentes da roda		
Largura efectiva da face	F=2m√(q+1)	12,32 mm

Quadro - 4.2 Dados do sem-fim

- Outside diameter of the worm= d_{a1}
  - = m (q+2)
  - = 2 (8.5+2)
  - = 21 mm

> Afastamento c = 0,2 m cos γ

- Root diameter of worm = d_{f1}
  - = m (q+2 - 4.4 cos γ)
  - = 2 (8.5+2 – 4.4 cos 6.7)
  - = 12.26mm

> Garganta Diâmetro do verme

Wheel = d_{a2}
- = m (z_2 + 4 cos γ - 2)
- = 2 (36 + 4 cos 6.7 - 2)
- = 70.94 mm

> Diâmetro da raiz do verme

Wheel = d_{f2}
- = m (z_2 – 2 – 0.4 cos 6.7)
- = 2 (36 - 2 – 0.4 cos 6.7)
- = 67.20 mm

Largura da face da roda de sem-fim = F

$= 2m + \sqrt{(q + 1)}$

$= 2(2) + \sqrt{(8.5 + 1)}$

$= 7.082$ mm

> Análise de forças

Tangential component on the worm $= (P_1)_t$

Axial component on the worm $= (P_2)_t$

Radial component on the worm $= (P_3)_t$

$kW = 2\pi N_1 M_t / (60 * 10^6)$

> Binário transmitido pelo parafuso sem-fim

to worm wheel $= M_t$

$= 60 * 10^6 (kw) / (2\pi N_1)$

$= 60 * 10^6 (0.06) / (2\pi * 1200)$

$= 409.255$ N-mm

- Tangential component on the worm $= (P_1)_t$

  $= 2M_t / d_1$

  $= 2(409.255) / 17$

  $= 48.147$ N

- Axial component on the worm $= (P_1)_a$

  $= (P_1)_t * (\cos\alpha \cos\gamma - \mu \sin\gamma) / (\cos\alpha \sin\gamma + \mu \cos\gamma)$

= 48.147 * (cos 20 cos 6.70 - .1sin6.7) / (cos 20 sin 6.7 +0 .1 cos 6.7)

= 22.573 N

- Radial component on the worm = $(P_1)_r$

= $(P_1)_t$ *(sin α /(cos α sin γ + μ cos γ))

= 48.147 * (sin 20 / (cos 20 sin 6.7 + 0.1 cos 6.7))

= 78.819 N

> ATRITO EM ENGRENAGENS SEM-FIM

V_1 = pitch line velocity of the worm (m/s)

V_2= pitch line velocity of the worm wheel (m/s)

V_s= rubbing velocity (m/s)

- Pitch line velocity of worm = V_1

= $\pi d_1 N_1 / 60000$

= 1.28 m/sec

- Pitch line velocity of worm wheel = V_2

= $\pi d_2 N_2 / 60000$

= 0.15 m/sec

- Rubbing velocity = V_s

= $\pi d_1 N_1 / 60000 \cos \gamma$

= π * 17 * 1440 / 60000 cos 6.7

= 1.29 m/sec

> Resistência dos parafusos sem-fim

Binário máximo admissível na roda de sem-fim

$$
\begin{aligned}
(M_t)_1 &= 17.65\ X_{b1} S_{b1}\ m\ l_r\ d_2 \cos\gamma \\
&= 17.65*0.24*28.2*2*707.45*72*0.993 \\
&= 12086127.72 \text{ N-mm} \\
&= 1.2086*10^7 \text{ N-mm}
\end{aligned}
$$

$$
\begin{aligned}
(M_t)_2 &= 17.65\ X_{b2} S_{b2}\ m\ l_r\ d_2 \cos\gamma \\
&= 17.65*0{,}48*7*2*707.45*72*0.993 \\
&= 7.3017*10^{13} \text{N-mm}
\end{aligned}
$$

> EFICIÊNCIA DA TRANSMISSÃO POR PARAFUSO SEM-FIM

Aqui consideramos $\mu = 0{,}042$ do coeficiente de atrito versus fricção

gráfico de velocidade

$$
\begin{aligned}
\eta &= (\cos\alpha - \mu \tan\gamma) / (\cos\alpha + \mu \cot\gamma) \\
&= (\cos 20 - 0.042 \tan 6.7) / (\cos 20 + 0.042 \cot 6.7) \\
&= 0.7169 \\
&= 71.69\ \%
\end{aligned}
$$

- Power lost in friction $= (1 - \eta)$ kW

$$
\begin{aligned}
&= (1 - 0.7169)\ 0.06 \\
&= 0.016 \text{ kW}
\end{aligned}
$$

> Capacidade de transmissão de energia com base em considerações térmicas

$$\text{kW} = k(t - t_0)A / 1000(1 - \eta)$$

k = coeficiente global de transferência de calor das paredes da habitação ($W/m^2\,{}^\circ C$)

t = temperatura do óleo lubrificante ($^\circ$ C)

t_0= temperatura do ar circundante ($^\circ$ C)

A = superfície efectiva da caixa (m^2)

Aqui temos de assumir o valor da temperatura.

4.8 SELECÇÃO DO ACCIONAMENTO POR CORREIA

De acordo com a seleção da caixa de velocidades e a distância disponível da estrutura de base para montar a transmissão por correia, a transmissão por polia com correia em V seria adequada para o trabalho de projeto. Aqui temos as RPM de saída da roda e da polia e também temos o binário de saída para o mecanismo. De acordo com as rpm de saída necessárias e as rpm de saída da caixa de engrenagens sem-fim, temos de decidir os diâmetros da polia. Com base nos dados padrão, calculámos os dados de conceção da polia da correia trapezoidal. [16]

De acordo com os requisitos, temos de adotar uma distância central curta. A transmissão por correia em V permite uma redução de velocidade elevada até sete para um. Na transmissão por correia trapezoidal, o deslizamento é insignificante. A transmissão por correia trapezoidal pode funcionar em qualquer posição, mesmo quando a correia está na vertical. A transmissão por correia trapezoidal é a melhor para distâncias curtas entre centros.

Neste caso, queremos que as rpm de saída sejam 25 a partir da transmissão por correia e da caixa de velocidades estamos a obter 35 rpm, que são as rpm do condutor.

Utilizando a equação

$N_1D_1 = N_2D_2$

Em que N_1 = rpm de entrada = 40

N_2 = rpm de saída =20

De acordo com os requisitos, se considerarmos D_1 = 125 mm

Obtemos então D_2 = 200 mm

4.9 SELECÇÃO DO ROLAMENTO

Para selecionar a chumaceira, temos de considerar as forças que actuam sobre a chumaceira. Calculando as forças na chumaceira e considerando o diâmetro do eixo para a polia e a caixa de velocidades, selecionámos a chumaceira axial de esferas. Aqui temos de considerar as cargas axiais em ambas as chumaceiras.

Selecionámos o rolamento axial de esferas para o nosso projeto. O rolamento de rolos cónicos é muito utilizado na caixa de velocidades. Seguem-se as vantagens do rolamento de rolos, porque é que o escolhemos

> Elevada fiabilidade operacional

- Elevada capacidade de carga e dimensões reduzidas
- Orientação de alta precisão
- Baixa fricção
- Resistência a altas temperaturas
- Desgaste reduzido
- Montagem simples
- Baixo consumo de lubrificante
- Manutenção mínima
- Elevado nível de disponibilidade
- Relação custo-eficácia

4.10 MODELAGEM

4.10.1 PEÇAS PADRÃO

Figura - 4.2 Vista isométrica do parafuso de cabeça cilíndrica m 8

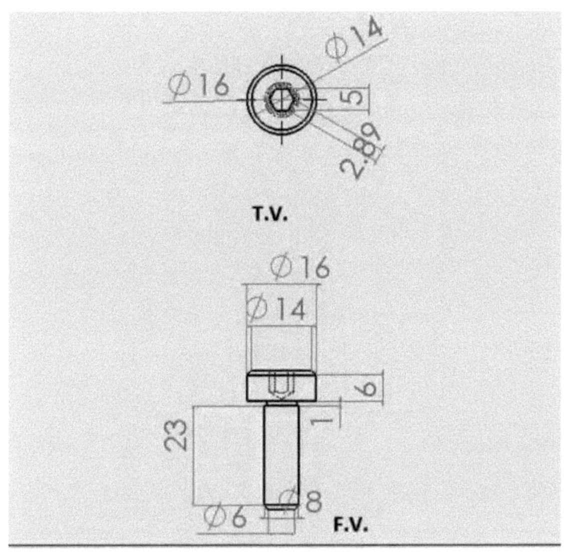

Figura- 4.3 Desenho 2-D do parafuso de cabeça cilíndrica m 8

Figura-4.4 Vista isométrica do parafuso m 18

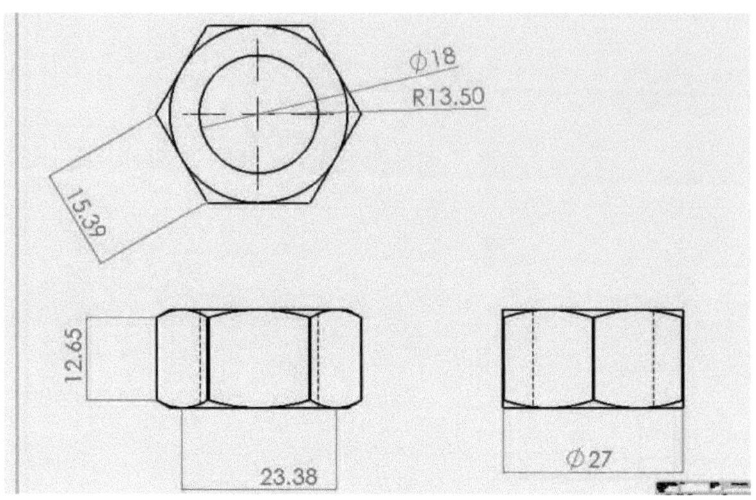

Figura- 4.5 Desenho 2-D do parafuso m18

4.10.2 DESENHO PORMENORIZADO E PEÇAS DE MONTAGEM

Figura - 4.6 Vista isométrica da roda

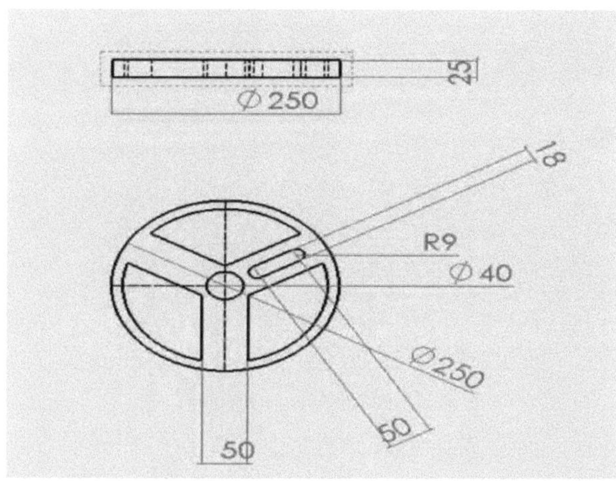

Figura - 4.7 Desenho 2-D da roda

Figura- 4.8 Vista isométrica do veio

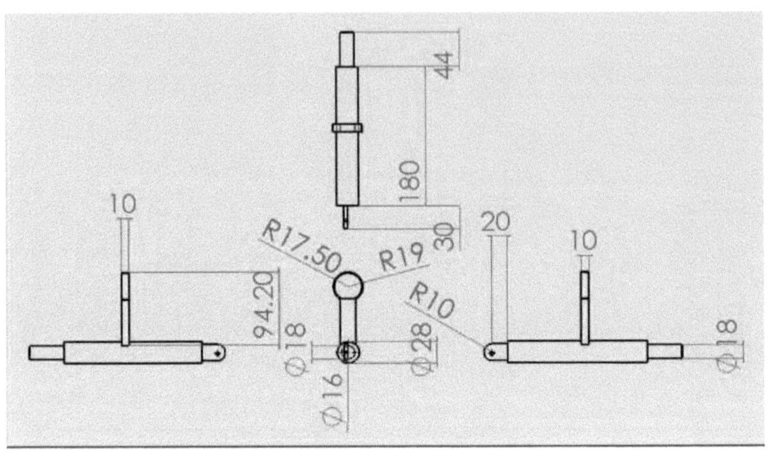

Figura - 4.9 Desenho 2-D do veio

Figura- 4.10 Vista isométrica da anilha

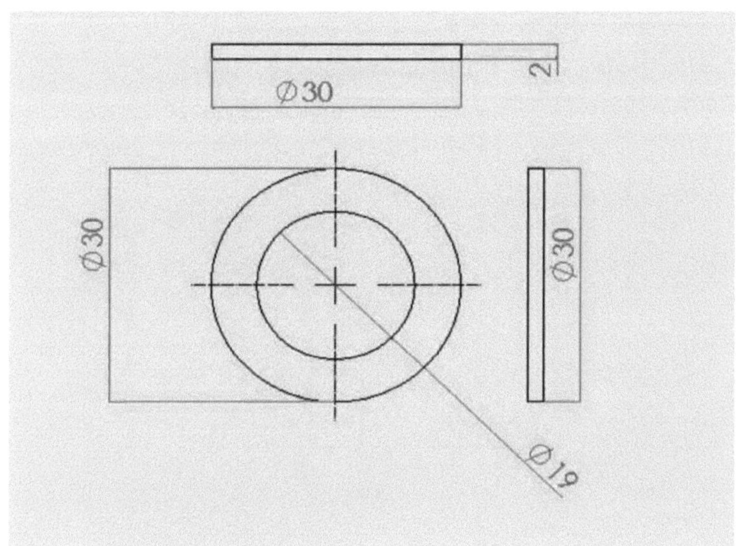

Figura- 4.11 Desenho 2-D da anilha

Figura - 4.12 Vista isométrica da pinça

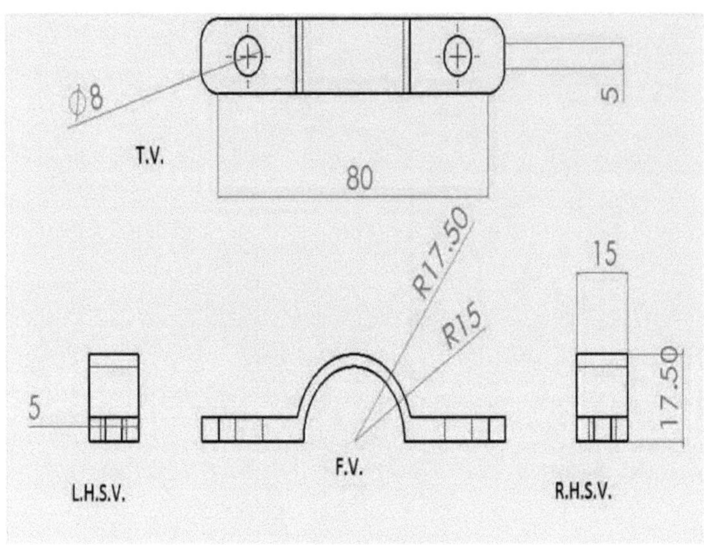

Figura - 4.13 Desenho 2-D da braçadeira

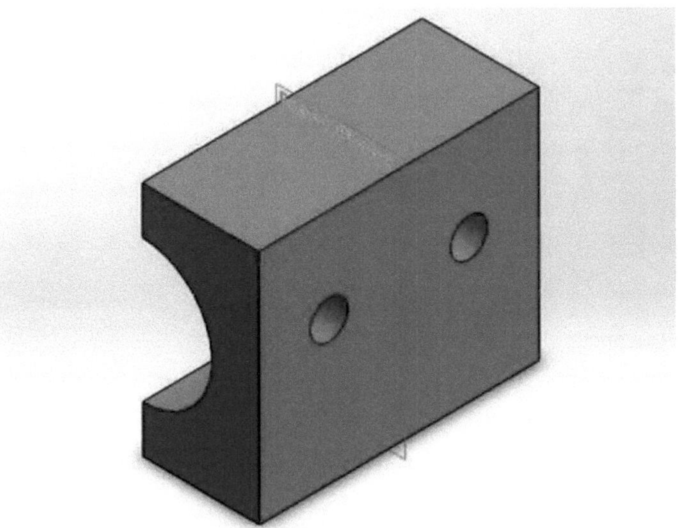

Figura - 4.14 Vista isométrica do maxilar 1

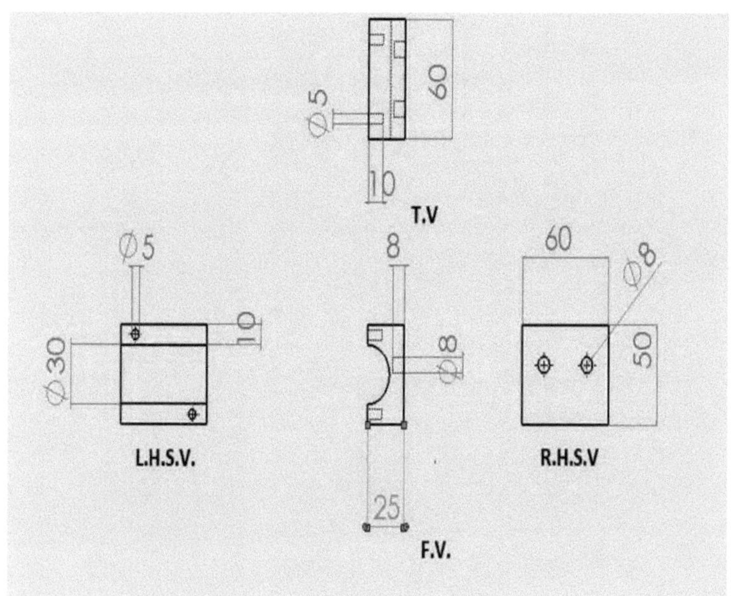

Figura - 4.15 Desenho em 2-D da mandíbula 1

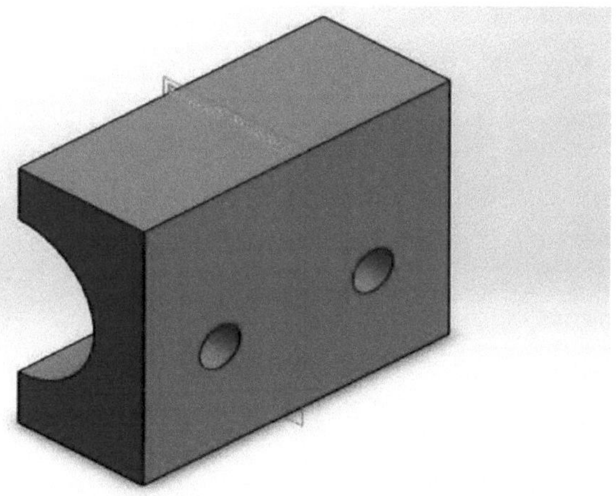

Figura - 4.16 Vista isométrica do maxilar 2

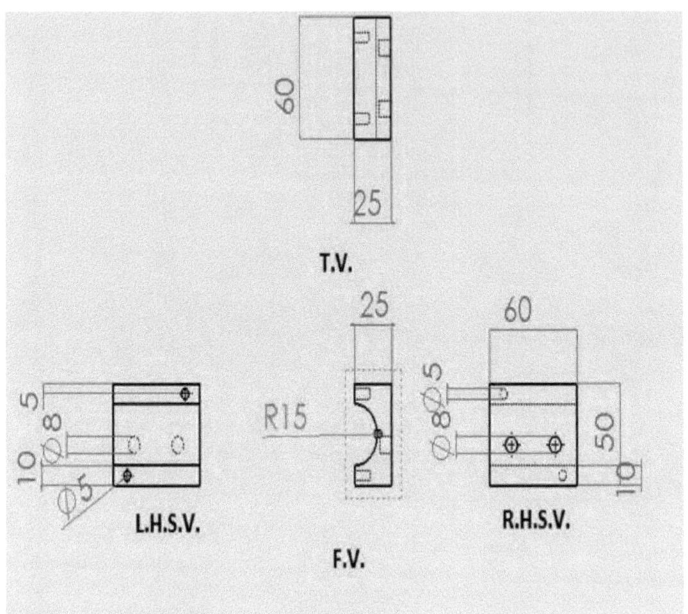

Figura - 4.17 Desenho 2-D da mandíbula 2

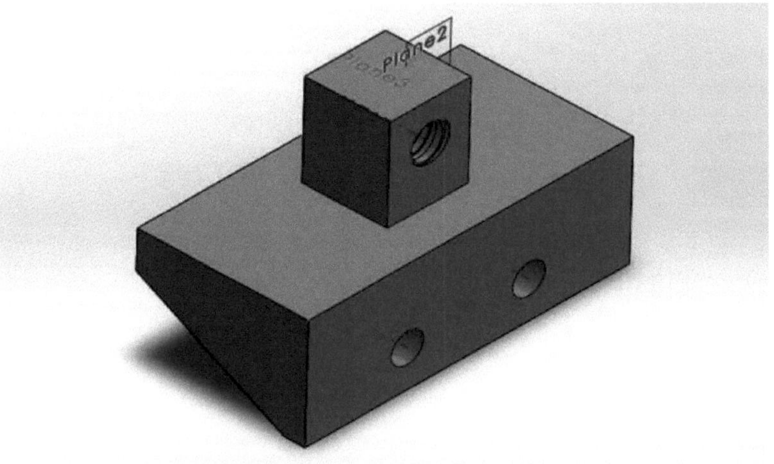

Figura - 4.18 Vista isométrica do suporte do maxilar

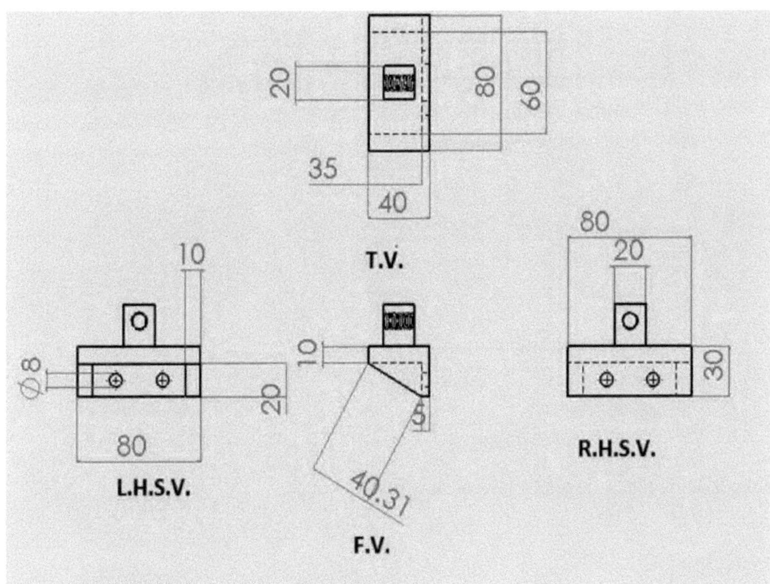

Figura - 4.19 Desenho 2-D do suporte do maxilar

Figura - 4.20 Vista isométrica da placa de apoio lateral com orifício de saída

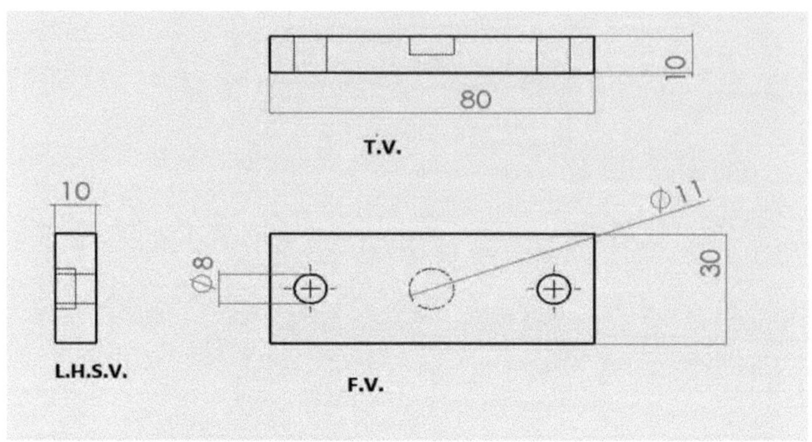

Figura - 4.21 Desenho 2-D da placa de apoio lateral sem furo

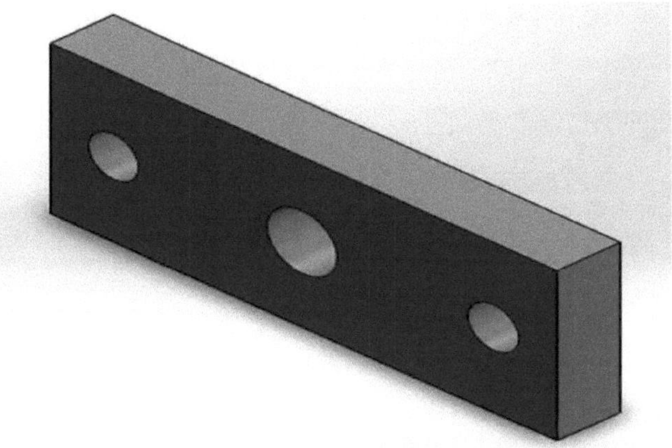

Figura - 4.22 Vista isométrica da placa de apoio lateral

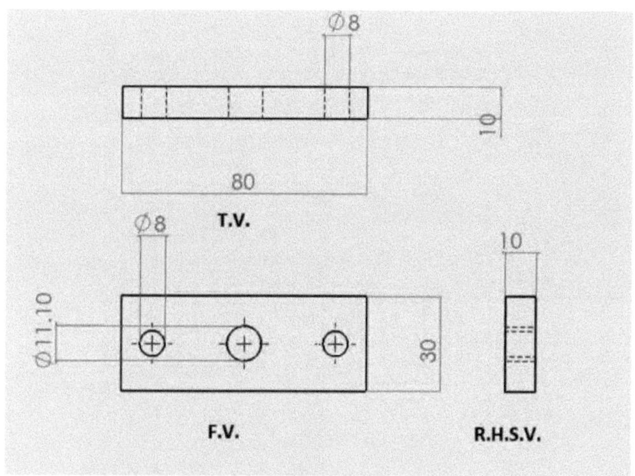

Figura - 4.23 Desenho 2-D da placa de apoio lateral

Figura - 4.24 Vista isométrica da placa superior do maxilar

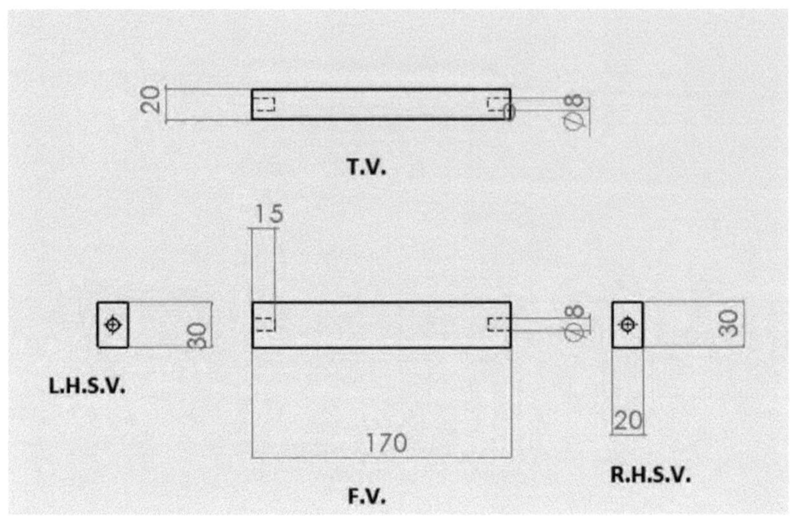

Figura- 4.25 - Desenho 2-D da placa superior da mandíbula

Figura - 4.26 Vista isométrica da cavilha de guia

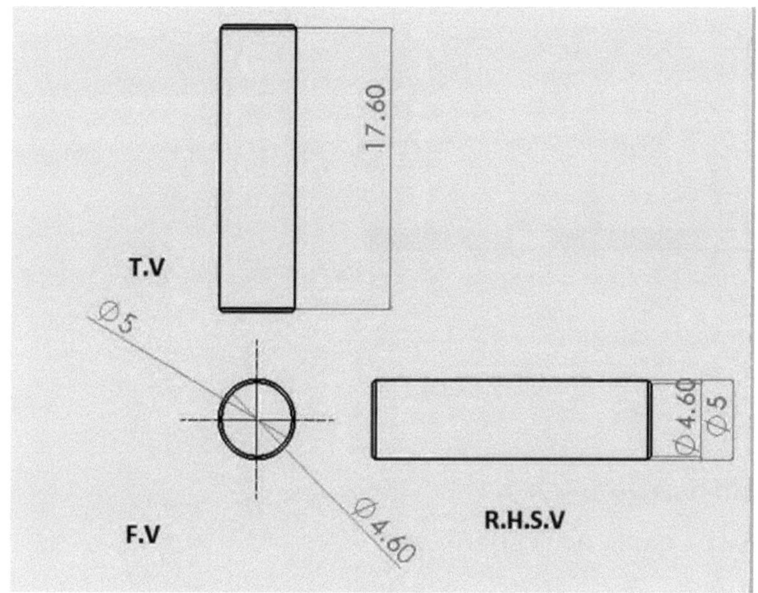

Figura - 4.27 Desenho 2-D da cavilha de guia

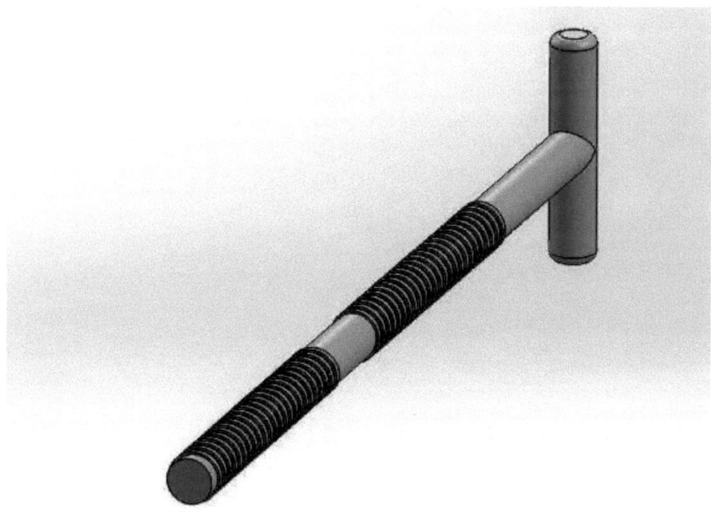

Figura - 4.28 Vista isométrica da barra de parafuso

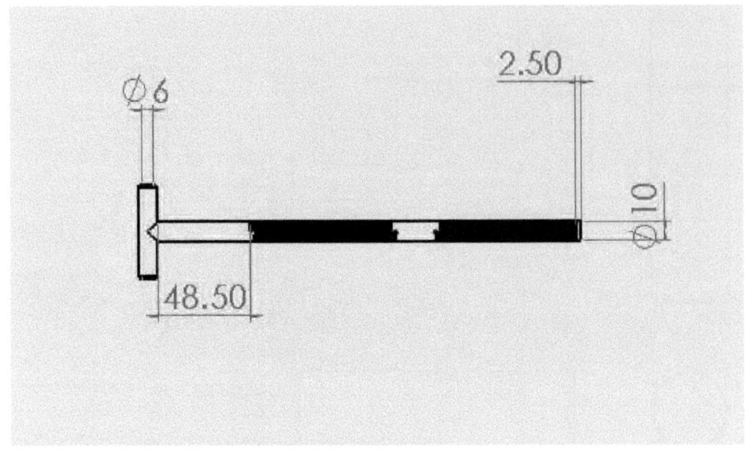

Figura - 4.29 Desenho 2-D da barra de parafuso

4.10.3 MODELAÇÃO DA CAIXA DE VELOCIDADES

Figura - 4.30 Vista isométrica do casquilho do veio

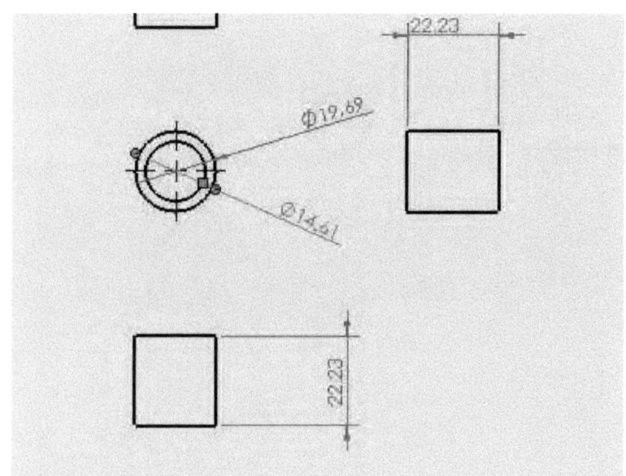

Figura - 4.31 Desenho 2-D do casquilho do veio

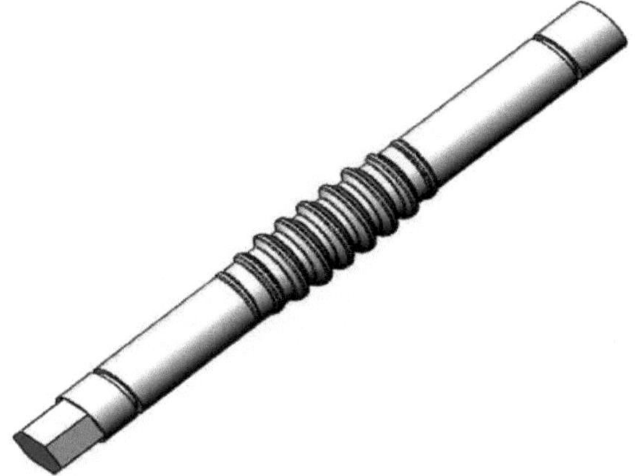

Figura - 4.32 Vista isométrica do veio de compensação

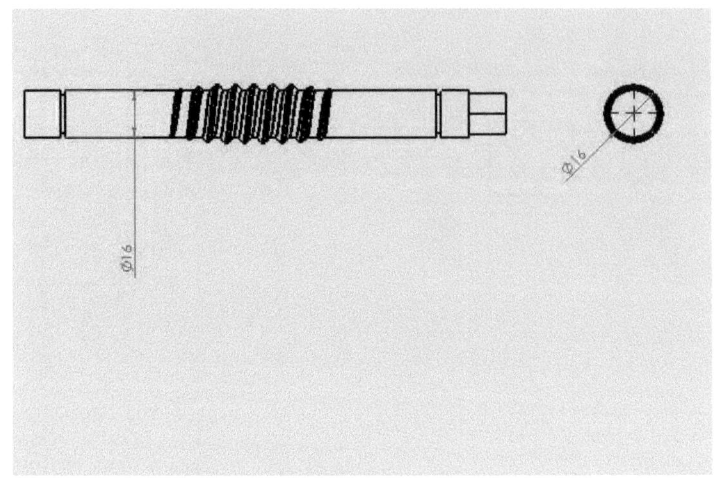

Figura - 4.33 Desenho 2-D do veio de compensação

Figura - 4.34 Vista isométrica do veio do parafuso sem-fim

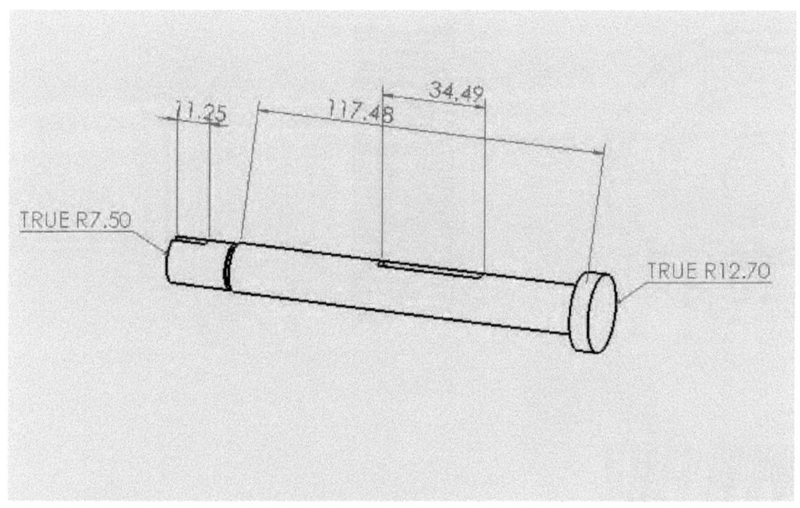

Figura - 4.35 Desenho 2-D do veio da engrenagem

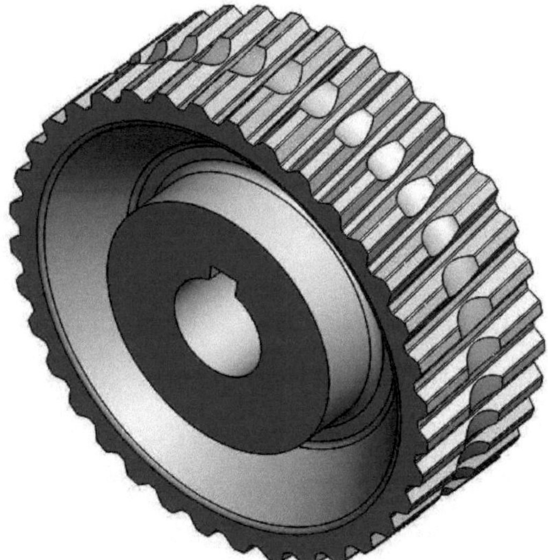

Figura - 4.36 Vista isométrica da engrenagem

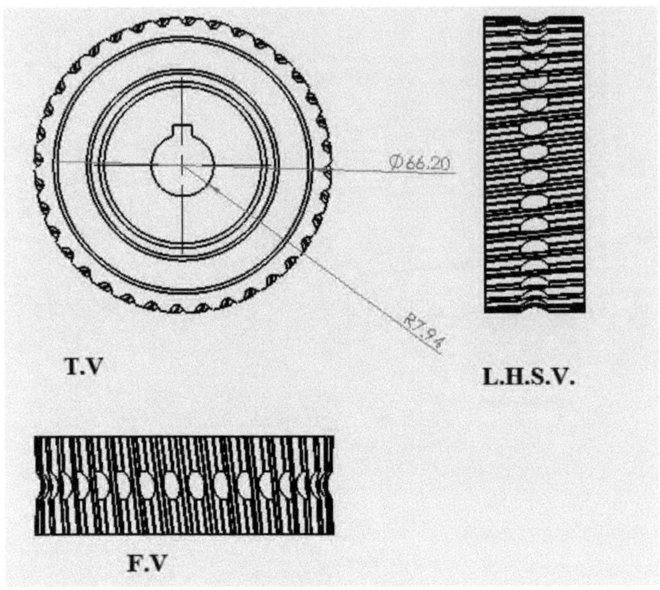

Figura - 4.37 Desenho 2-D da engrenagem

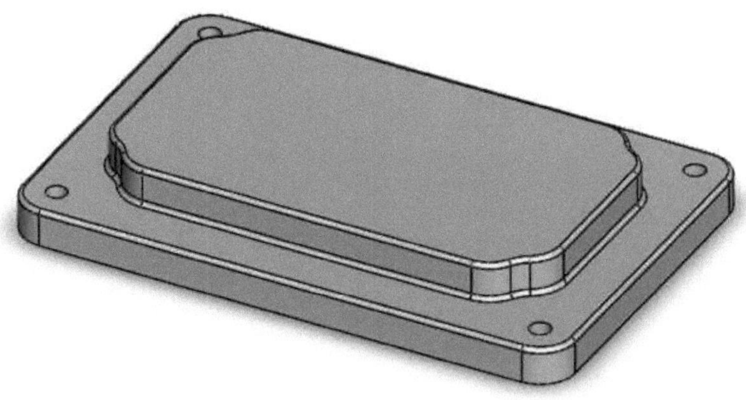

Figura - 4.38 Vista isométrica da tampa superior do invólucro

Figura - 4.39 Vista isométrica da tampa lateral

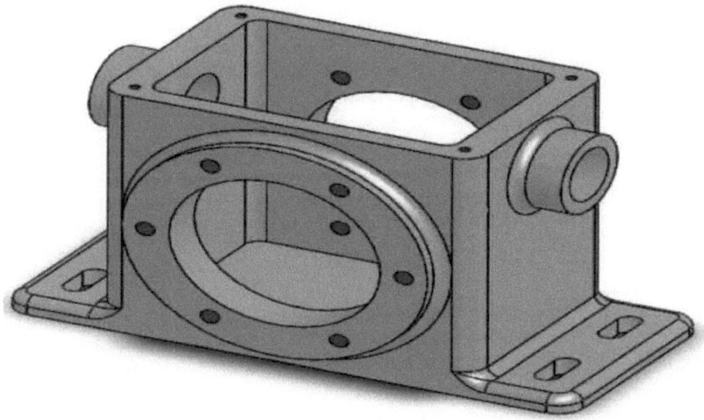

Figura - 4.40 Vista isométrica da caixa

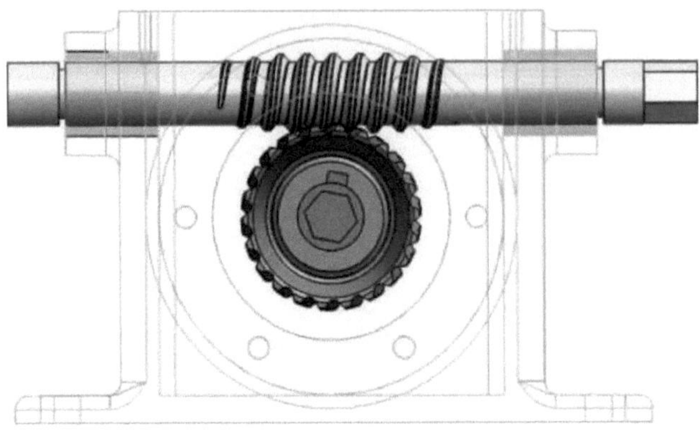

Figura - 4.41 Vista isométrica do parafuso sem-fim e da engrenagem

4.10.4 DIFERENTES VISTAS DO PARAFUSO SEM-FIM E DA ENGRENAGEM

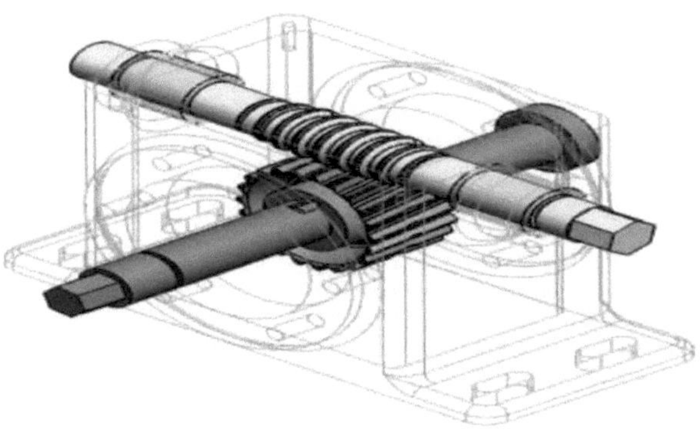

Figura - 4.42 Eixo sem-fim e engrenagem com eixo

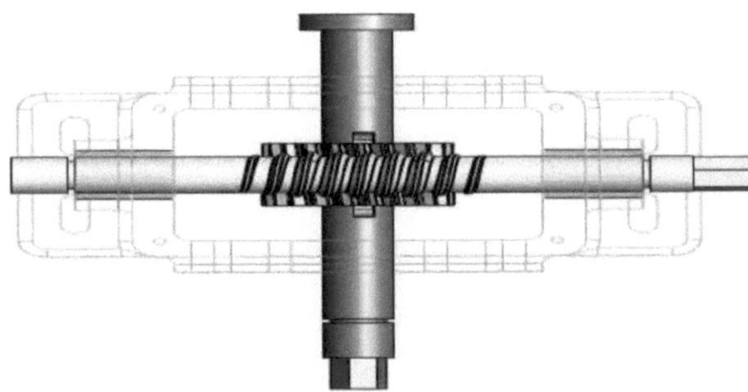

Figura - 4.43 Vista superior do conjunto do parafuso sem-fim e da engrenagem

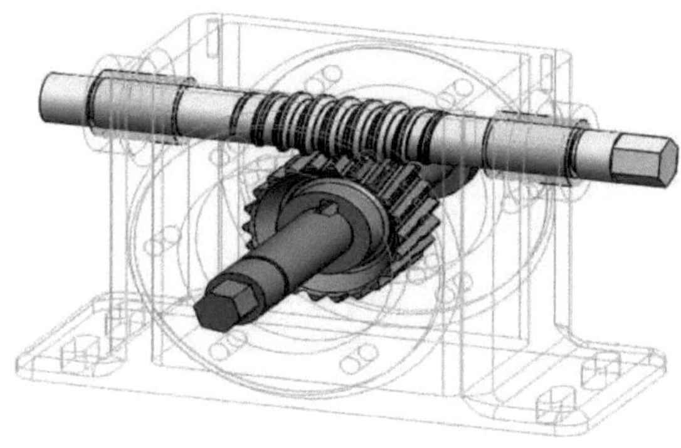

Figura - 4.44 Vista lateral do conjunto do parafuso sem-fim e da engrenagem

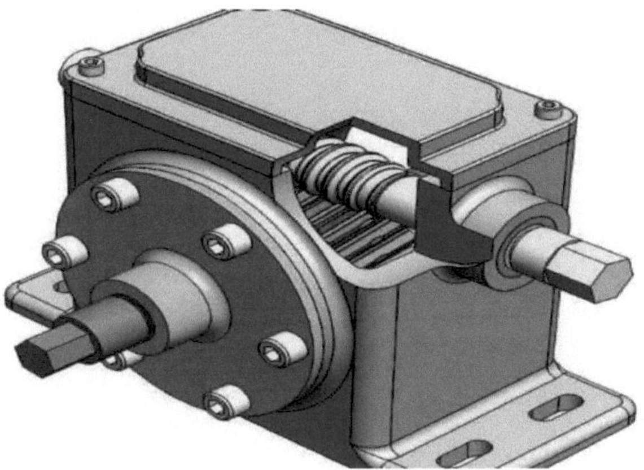

Figura - 4.45 Montagem da caixa de velocidades

Figura - 4.46 Vista explodida do conjunto da caixa de velocidades

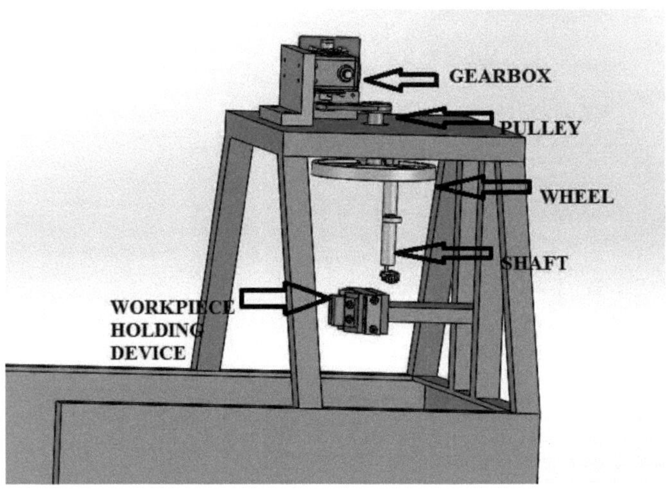

Figura - 4.47 Montagem final

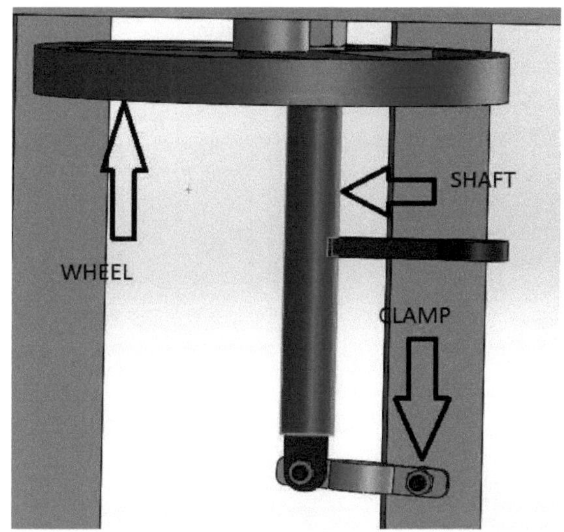

Figura - 4.48 Vista de perto da montagem

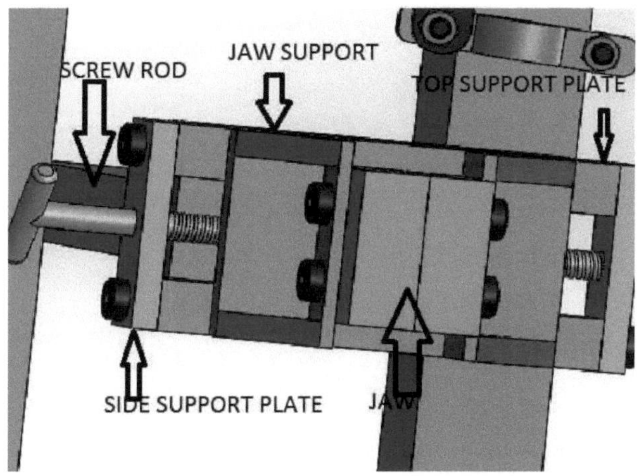

Figura - 4.49 Vista de perto do dispositivo de retenção

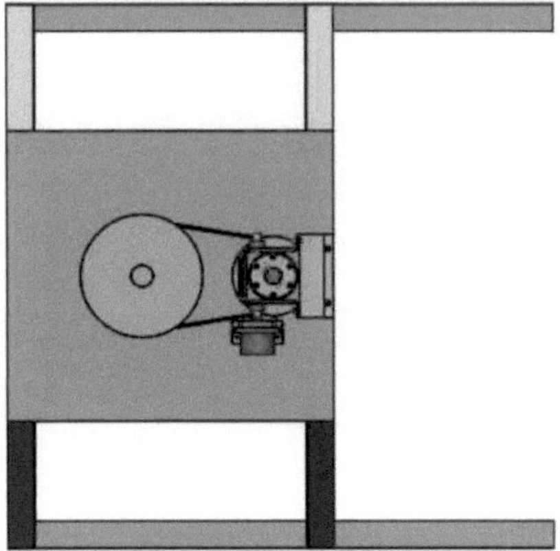

Figura- 4.50 Vista superior da montagem final

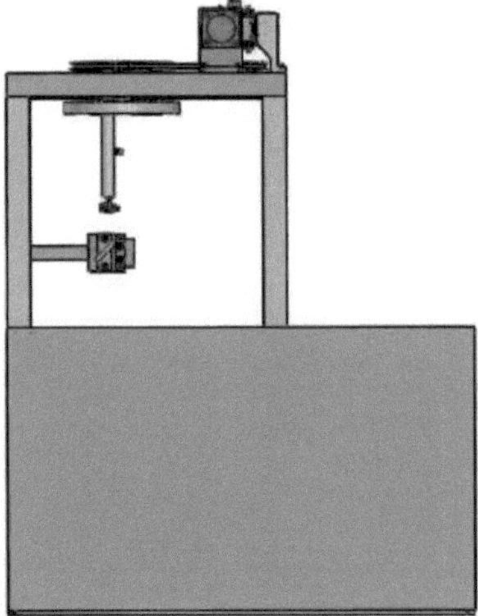

Figura - 4.51 Vista lateral da montagem final

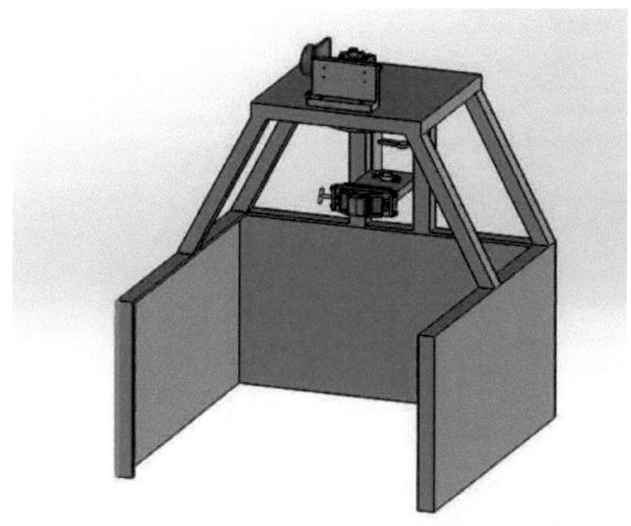

Figura - 4.52 Vista lateral da montagem final

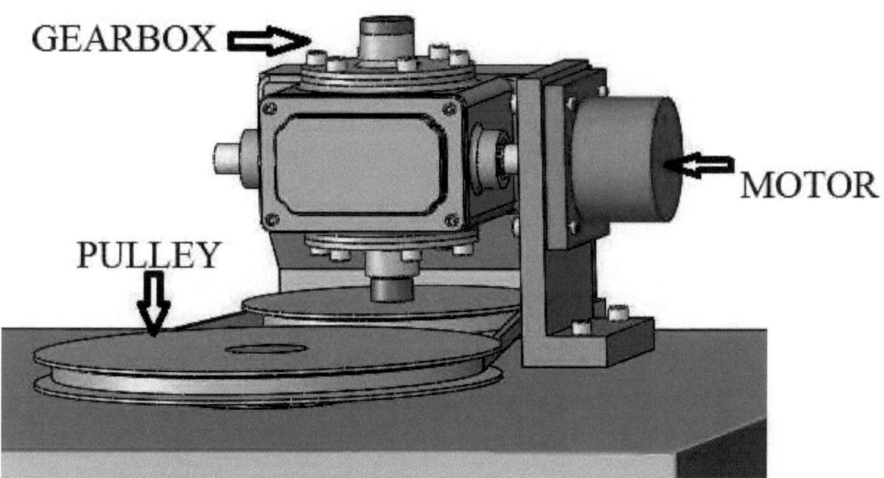

Figura - 4.53 Vista de perto da montagem final

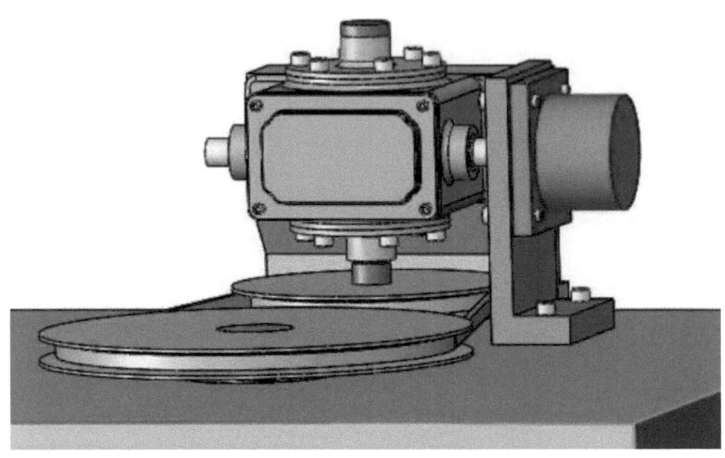

Figura - 4.54 Vista de perto da caixa de velocidades e do motor

Capítulo 5 DIFERENTES PARTES DO MECANISMO

O mecanismo é composto essencialmente por sete partes

- Dispositivo de retenção ou de fixação
- Eixo onde está fixada a tocha de soldadura TIG
- Roda
- Eixo da roda
- Polia
- Caixa de velocidades> Motor

5.1 DISPOSITIVO DE FIXAÇÃO DA PEÇA A TRABALHAR OU A FIXAR

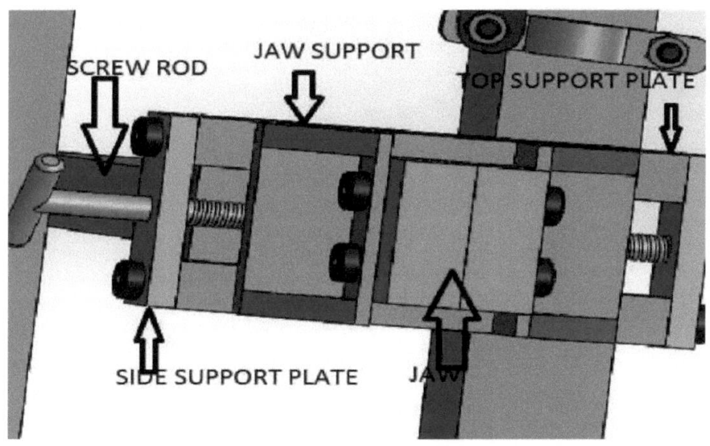

Figura - 5.1 Dispositivo de retenção ou de fixação do trabalho

<u>Projeto de dispositivo de suporte de trabalho para soldar cabos cilíndricos de aço inoxidável por soldadura TIG</u>

Trata-se de um simples dispositivo de fixação por parafuso. Neste momento, considerámos apenas 30 mm de diâmetro para a amostra de trabalho. A nossa ideia é segurar verticalmente os vários tubos cilíndricos com diâmetro de 20 mm a 50 mm, pelo que este tipo de acessório é adequado. Ao pesquisar os dispositivos disponíveis no mercado, optámos por um dispositivo de fixação do tipo parafuso-mandíbula. De acordo com as nossas disposições de soldadura, precisamos que a peça de trabalho e o centro do eixo da roda estejam nos mesmos eixos verticais. Os eixos do espécime e do eixo da roda devem ser combinados. A dimensão do dispositivo de fixação é obtida através da análise de várias patentes [17].

Por conseguinte, necessitamos de mover a mandíbula de ambos os lados do torno. Por isso, fizemos uma rosca de parafuso em ambas as direcções

5.2 EIXO PARA TOCHA DE SOLDADURA TIG

De acordo com as nossas disposições para segurar a tocha de soldadura verticalmente, necessitamos de um eixo que possa segurar o peso da tocha de soldadura e mover-se 360° verticalmente no sentido dos ponteiros do relógio e no sentido contrário ao dos ponteiros do relógio.

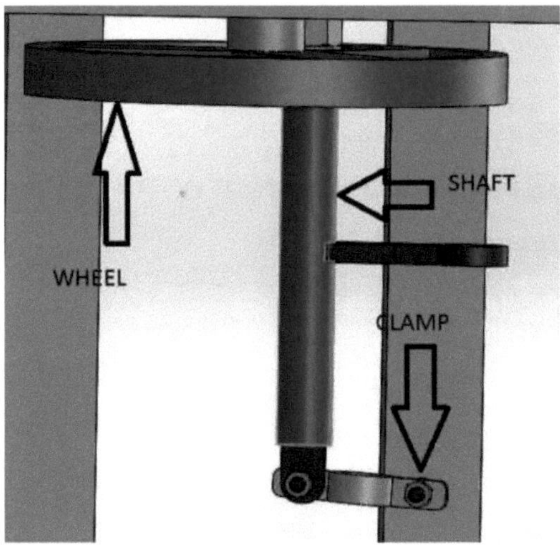

Figura - 5.2 Eixo para soldadura TIG

5.3 RODA

A roda é uma parte muito importante do mecanismo. O diâmetro e a disposição dos raios foram selecionados de acordo com as nossas necessidades.

Figura - 5.3 Roda

A roda está ligada à polia por um eixo. Trata-se de um mecanismo fixo. A roda é movida por uma polia. O nosso requisito máximo para soldar os diâmetros dos tubos é de 20 mm a 50 mm. Assim, de acordo com a ideia e o mecanismo, temos de pegar numa roda com 250 mm de diâmetro e fazer uma ranhura no raio. O material atribuído é aço-carbono simples. A força centrífuga na roda é

5.4 EIXO DA RODA

Neste caso, utilizámos um veio padrão para obter mais força. Também podemos utilizar um veio normalizado de acordo com a sua resistência. De acordo com a tabela de seleção de veios, podemos negligenciar o toque e as rpm conforme a nossa aplicação. O diâmetro do veio é de 40 mm. O comprimento do veio é de 110 mm. Para este veio

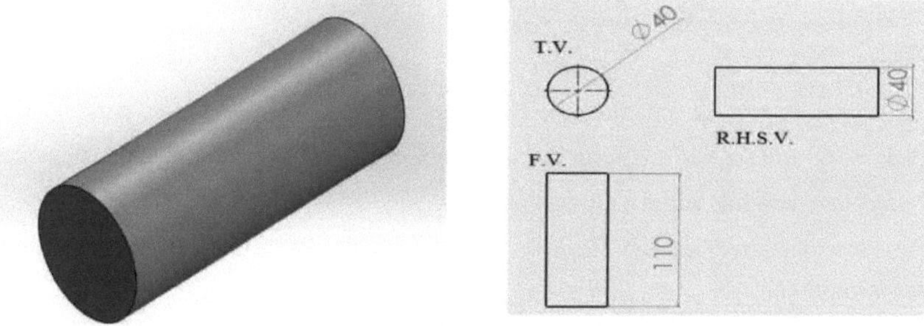

Figura - 5.4 Eixo da roda

Figura - 5.5 Desenho 2-D do veio da roda

O eixo da roda é apenas um eixo de suporte fixo. A dimensão do eixo é normalizada. Uma extremidade é fixada com a polia e a outra extremidade é fixada com a roda.

5.5 PULLEY

De acordo com o requisito, a polia padrão é escolhida. Devido à distância mais curta e à compacidade do mecanismo, selecionámos a polia de correia em V. A polia com diâmetro de furo de 20 mm e 40 mm está disponível no mercado.

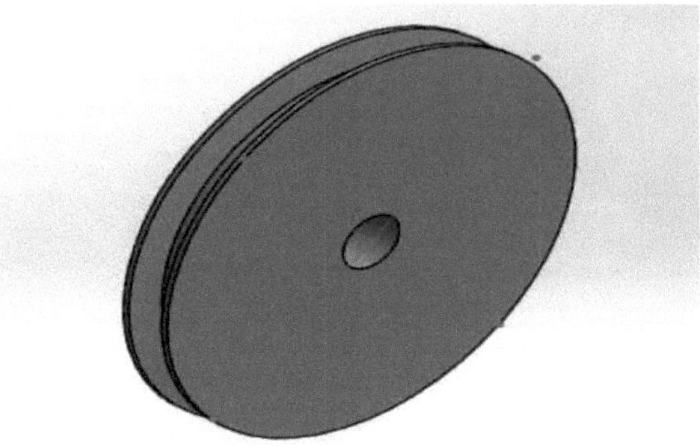

Figura - 5.6 Polia

5.6 CAIXA DE ENGRENAGENS

Na seleção da caixa de velocidades, selecionámos a caixa de velocidades de parafuso sem-fim. O rácio da caixa de velocidades é de 36. Atribuímos o material do sem-fim e da roda de sem-fim. O sem-fim é atribuído com aços de carbono endurecidos (14C6) que têm um fator de tensão de flexão de 28,20. Roda sem-fim em bronze fosforoso (fundido centrifugamente) com fator de tensão de flexão 7,0.

5.7 MOTOR

De acordo com os nossos requisitos de motor, selecionámos um motor passo a passo para mover a tocha de soldadura 360° no sentido dos ponteiros do relógio e no sentido contrário ao dos ponteiros do relógio. Para obter o controlo sobre o movimento do motor, temos de ligar um microcontrolador. Neste trabalho, selecionámos 5 kgf-cm. Temos um motor bipolar de 1 ampère e 12v com uma velocidade de até 2000 rpm.

Capítulo 6 ESPECIFICAÇÃO E CÁLCULO

6.1 CÁLCULO DA TRANSMISSÃO POR CORREIA TRAPEZOIDAL

Agora, para calcular a transmissão por correia em V, em primeiro lugar, temos de considerar as RPM de saída 25.[16]

E, de acordo com o cálculo da engrenagem sem-fim, obtemos as RPM de entrada 40.

Assim, agora temos $N_1 = 40$ e $N2 = 25$.

Temos um design compacto e menos área para a distância entre centros, pelo que consideramos o diâmetro de passo mínimo admissível da polia 125 mm.

De acordo com os dados de projeto normalizados para a polia de correia em V, considerando ou calculando o diâmetro da segunda polia

$$N_1D_1 = N_2D_2$$

$$40*125 = 25*D_2$$

Por conseguinte, $D_2 = 200$ mm

O binário de saída máximo necessário é de 9,8 N-m. Obtemos um binário de entrada de 5 Kgf-cm do motor para a caixa de parafusos sem-fim.

Assim, o binário de entrada para a transmissão por correia seria o binário de saída da caixa de parafusos sem-fim.

Binário de saída da caixa de parafusos sem-fim = Binário de entrada do parafuso sem-fim * relação da caixa de velocidades

$$= 0.49 * 36$$

$$= 17.64 \text{ N-m}$$

Agora temos o valor de T_1 e T_2.

O comprimento do cinto é de

$$L = 2C+(\pi(D+d))\div 2+((D-d)^2\div 4C)$$

$$= 996.368 \text{ mm}$$

A nossa norma é de 1100 mm.

Fator de correção de acordo com o serviço (F_a)

Nesta aplicação, um binário normal está a acionar toda a transmissão por correia. A partir dos dados padrão $F_a = 1,1$

Potência de projeto = F_a (potência transmitida)

$$=1.1(0.07)$$

$$= 0.077 \text{ kW}$$

Tipo de secção transversal da correia. A partir dos dados do projeto, seria uma correia de secção A.

Fator de correção para o comprimento do passo da correia $F_c = 0,90$

Fator de correção para o arco de contacto $[F_d]$ = ?

$$\alpha_s = 180 - 2 \sin^{-1}((D-d)/2C)$$

$$= 162.02° \text{ or } 163°$$

Do livro de dados $F_d = 0,30$

Potência nominal da correia trapezoidal simples

$$P_r = 0.07 + 0.004 \text{ (approx. value from data design table)}$$

$$= 0.074$$

Considerando agora que a área da correia é de 350 mm^2 e a tensão admissível é de 2 Mpa.

T = stress * area = 700 N

Belt velocity $V = \pi \, d_1 \, N_1 \div 60$

$V = 0.261 \text{m/sec}$

Peso da correia m = 0,38 kg/m (considerando)

$T_C = m * V^2$

$= 0.38 * 0.26^2$

$= 0.0258$ N

$\text{Sin}\ \alpha = r2 - r1 / 2\ (1100)$

$= 0.0170$

So $\alpha = 0.97$

$2.3 \log (T_1/T_2) = \mu\theta \text{ cosec } \beta$ where β = angle of groove 17.5°

$= 0.28*3.10*1.04$ $\theta = 180-2\alpha$

$\text{Log } (T_1/T_2) = 0.91/2.3$

$= 0.39$

$T_2 = 2.4*699.97$ N

$T_1 = 700- 0.0258$

$= 699.97$ N

So $T_2 = 1679$ N

6.2 CÁLCULO DO ROLAMENTO

Cálculo da chumaceira de parafuso sem-fim [16]

As forças que actuam no veio nos momentos verticais em torno da chumaceira B1

Reacções no plano vertical

Peso da engrenagem = 170 gm.= 1,66 N

$P_1(a) *50 + (7.84)\ (160) = R_{V2}(100)$

$R_{V2} = 18.22$ N

Reacções no plano horizontal

$P_t(50) + (P_1 + P_2)(125) + P_r(50) - R_{H2}(100) = 0$

$R_{H2} = 2983$ N

$R_{V2} + R_{V1} = P_a + (7.84)$

$R_{V1} = 0.98$ N

$R_{H1} = 584.663$

$R_1 = 584$ N and $R_2 = 2983$ N

Fa1 e Fa2 são, respetivamente, 0,98 N e 18,22 N

Fr1 e Fr2, respetivamente 584,663 e 2983 N

Cálculo do rolamento do eixo da roda

Para o cálculo da segunda chumaceira ou da chumaceira do veio central

O peso total da polia, do eixo central, da roda e da tocha é de cerca de 8,5 kg.

Por conseguinte, a força resultante total é de 727,6N

O diâmetro da chumaceira e o cálculo da força na chumaceira são, respetivamente, os seguintes.

Para a chumaceira B1 SKF 51202 e para a chumaceira B2 SKF 51308 é a mais adequada. Ambos são rolamentos axiais

Capítulo 7 CONCLUSÃO

- Com a máquina concebida acima, a qualidade da soldadura será boa.
- A produção será aumentada.
- A semi-automação torna o processo de trabalho simples e fácil.
- Reduzir a mão de obra.
- Após a soldadura, os processos de maquinagem, como a retificação, o acabamento e a aplicação de superfícies, exigem menos

Capítulo 8 ÂMBITO DO TRABALHO FUTURO

Este é um projeto de máquina para fins especiais. No futuro, poderá ser totalmente computorizada. E também mudar a gama de fixação para que o diâmetro de 20-50 mm com alças cilíndricas possa ser soldado. Selecionámos uma caixa de engrenagens sem-fim para variar a velocidade, mas no futuro poderemos ter motores com caixa de engrenagens. Ao alterar a velocidade, a corrente e a tensão, podemos estudar a força de soldadura.

REFERÊNCIA

PAPÉIS

1. Suthar J D, Patel K M e Luhana S G, "Design and analysis of fixture for welding an exhaust impeller", Procedia Engineering, OCTOBER 2013, 51, pp 514-519.

2. Singh R, Randhava J, "Otimização dos parâmetros de processo para a soldadura TIG de aço inoxidável utilizando a metodologia de superfície de resposta", Conferência internacional sobre engenharia mecânica e industrial, 26th MAIO- 2013, pp 12-15.

3. Li Z, Huang Z, Huang Y, "Conceção de um robô de soldadura por pontos",. Indonesian Journal of Electircal Engineering, NOVEMBRO 2013, 11, 11, pp. 6267-6273.

4. Mukesh, Sharma S, "Effect of parameters on weld pool geometry in 202 stainless steel welded joint using TIG process", International Journal of Science and Modern Engineering, NOVEMBRO 2013, 1, 12, pp. 25-31.

5. Mukesh, Sharma S, " Study of mechanical properties in austenitic stainless steel using gas tungsten arc welding ", International journal of engineering research and applications, NOV-DEC 2013, 3, 6, pp. 547-553.

6. L Sureshkumar, Verma S M, Kumar P, " Analysis of welding characteristics on stainless steel for the process of TIG and MIG with dye penetrate testing ", International journal of engineering and technology, JULHO 2012, 2, 1, pp. 283-290.

7. Pan W e SHI K, JWRI "Documento de investigação sobre os efeitos dos parâmetros técnicos na moldagem da soldadura por soldadura A-TIG" Transactions of JWRI, WSE2011(2011), pp 37-39

8. Sarkans M e Roosimolder L, "Implementation of robot welding cells using modular approach", Estonian Journal of Engineering, 29th September 2010, 16, 4, pp. 317-327.

9. REN F, CHENG X, CHEN S. "A portable all-position special welding robot", International Workshop on Automobile, Power and Energy Engineering, Procedia Engineering, 2011,16, pp 782-788.

10. Hussain A, Lateef A, Pramesh T, Mohd J, "Influência da velocidade de soldadura na resistência à tração da junta soldada no processo de soldadura TIG", Revista internacional de investigação em engenharia aplicada, NOVEMBRO 2010, 1, 3, pp 518-527.

11. Lamr K, Zalotay P, Borbely E, "Welding equipment with improved digital control", Publicado em 2003.pdf file.

12. Yang C, Lin S, LIU E, WU L e ZHANG Q, "Investigação sobre o mecanismo de penetração

aumento do fluxo na soldadura A-TIG", Journal of Material and Science Technology. NOVEMBRO 4th 2003, 19,1, pp. 225-227.

SÍTIO WEB

13. Os dados relativos aos actuadores eléctricos foram retirados do sítio Web www.Hustonind.com

14. Defeitos de soldadura www.bulkhandling.com

LIVROS

15. Livro sobre a tecnologia moderna de soldadura por arco por ADOR WELDING LIMITED.

16. Livro sobre a conceção de elementos de máquinas, de V. B. Bhandari

PATENTES

17. Jorgensen P. para o torno de precisão com maxilas móveis independentes. Patentes US 4685663 11 de agosto de 1987.

APÊNDICE A

Cópia anexa

- Cartão de revisão da dissertação
- Relatório de conformidade
- Cópia do artigo de revisão publicado

Printed by Books on Demand GmbH, Norderstedt / Germany